Japan

Sweden

旅行，為了雜貨

日本·瑞典·台北·紐約私房探路

曾欣儀 著

Taipei

New York

序／利用小家飾、雜貨豐富居家生活

　　復興美工畢業後，我曾在珠寶店做商品設計，以及敦煌書局做美術編輯，而後再由平面設計轉至商品設計企畫。

　　進入本土家具家飾品公司生活工場（WORKING HOUSE）工作，負責商品設計企劃，但那時對商品設計毫無經驗，面臨一種從無到有的挑戰，凡事都得自己找問題，自己動手解決，還記得那時總是要和同事一起到市郊下游的生產工廠監督流程，直接了解產品的生產與方法；雖然舟車奔波很艱辛，但慢慢的，我從中獲得的經驗和訣竅，是坐辦公桌10年也學不來的。所以接下來在品東西家居（PiiN）參與開設新店的工作，就得心應手多了。

　　在從事這類生活雜貨設計企劃工作，我彷彿得了職業病般，無論到任何地方旅行、訪友，都會特別注意當地的家飾雜貨店。像在紐約遊學時，體驗了許多在地人的生活，玩的看的不止是旅遊書上介紹給觀光客的，而是當地人推薦的特色商店。大街道小巷弄裡的家飾家具店或美術館、畫廊，我都有興趣一一探訪，對

藝術的領域又領略了好多。去瑞典訪友時,一到當地就迫不及待拿著地圖做記號,絕不能錯過瑞典的家飾家具店。而日本,一個純然只有工作的地方,去了無數次,但觀摩多過旅遊,參觀前得像學生戶外教學般預做功課,參觀後還需完成工作報告心得提交公司,但我很佩服日本家具、雜貨店的多樣貌,深覺日本人太幸福了!而台灣近幾年吹入日本雜貨風的同時,大型家飾、生活雜貨店如:生活工場、品東西家居、特麗屋等店越來越多,整體帶動了國人布置和DIY的風氣,我相信漸漸的,台灣會有更多本土和進口的家飾家具店。

　　生活品質提高,使我們越來越重視居家環境,無論大型家飾家具店或迷你小店一一冒出,歐洲、美國和鄰近的日本,家具、家飾和生活雜貨早已深入生活。我在書中介紹一些旅遊日本、紐約和瑞典時探訪的家飾和雜貨店,還有台灣近來流行的手做創意市集,希望你能換個眼光看居家生活,還有以後出國旅遊時,看見這類店,別害羞一定要進店逛逛,除了參觀店家的裝潢和布置,說不定你會找到喜愛的小雜貨、大家具,帶回來好好裝潢一番!

2006.08 曾欣儀

目錄　Contents

商品企劃忙碌的一天

　　從事生活雜貨、家飾商品企劃工作好幾年，從最初完全不懂的新人到獨當一面，艱辛的過程與挫折不是外人能輕易了解，大多時候每天只有一個「忙」字可形容，但因我對這個行業的喜愛，使我依舊快樂的工作著。

　　也許你會對這工作充滿好奇，就讓我來告訴你我是如何面對每天緊湊的工作行程。　上班後第一件事，就是將前一天做的商品設計或規劃交給採購，針對設計細節與採購開會討論，有了初步共識後，採購會發包給廠商打樣或搜尋樣品。下午廠商們出現了，我們針對他們帶來的打樣品進行修正、篩檢。有時，廠商也會帶來一些規劃外的新樣品，我會與採購一起討論挑選可留做下一季運用的。

　　當然，工作的過中也會穿插大大小小的會議，像一些決策性的指標或行銷企劃的會議，都需要各部門溝通才能繼續進行。除了室內工作，我也會去工廠驗貨，了解生產流程的同時，還可當下進行調整。

　　待這些事情處理完，通常已是下班時分。吃完晚餐，才有時間靜下來將打樣好的樣品續做包裝設計，以及針對廠商拿來的樣品做顏色規範、尺寸材質設定等工作，以便明天順利交給採購，進行下一部動作。如果還有時間，我會蒐集一些相關資料，整理出國做市調、看展覽的資料，企劃下一季的商品走向。

與生活工場同事去日本出差，開會時拍的照片。

　　當正式打樣商品出來後，還必需替商品拍照，做一份新商品的展示版，針對新商品向公司內部各部門同事做簡報，讓大家了解新商品的外觀與概念，可在門市人員的教育訓練時提出。

　　看完以上這些工作內容，你一定也知道我的忙碌了吧？當所有新商品陳列在門市，呈現在消費者面前時，距我們當初的設計規劃已是3、4個月後了，往前推算也就是說，所有商品企劃都至少要在新一季的前半年開始著手進行。正因如此，我的日子總比一般人快個半年，令我覺得時間過得實在很快！

　　我的工作內容雖然忙碌，但你是否覺得也很有趣，相當具挑戰性呢？沒錯，就是興趣支持著我從事這份工作，讓我覺得不會有厭煩的一天。

我的工作流程圖
　　採購提報年度商品預算→針對預算規劃各商品的佔比→規劃新一季的商品企劃→列出新商品品項數量明細→設定商品風格走向→採購依品項搜尋樣品→第一次樣品挑選（挑選後的樣品會做修改與另加設計）→第二次打樣品挑選（針對打樣錯誤的再修正，正確的進行下一步動作）→商品包裝設計→拍照做商品企劃簡報和確認包裝打樣→採購下單→採購安排進貨時間→門市人員新品教育訓練

日本篇

Franc franc、Afternoon Tea、
MOMO natural、MUJI、
CONRAN SHOP、ITS' DEMO、
J.、Natural House……

摩登時尚的家飾雜貨店
Franc franc

　　在眾多家飾雜貨品牌中，Franc franc 給人的概念是輕快、舒適、悠閒、時髦和流行的，購買這些家具雜貨，能增加你的生活樂趣，讓你更積極享受生活，每次使用時都保有愉快的心情，創造豐富多彩的生活空間。所以，每回只要一走進Franc franc店裡，你就能感受到上述它想傳達的生活概念。明亮大膽的色調，夏天給人一股清涼通透感，而冬天卻又紅黃橙給你溫暖，再加上隨時流洩出的輕鬆音符，原來購物也能如此輕鬆無壓力。

Franc franc的商品慣走摩登簡單風，喜歡用塑膠材質來展現其年輕活潑的個性，搭配略帶螢光的色系，很讓人愛不釋手。設計師玩色手法高明，像以正白來表現現代感，螢光色表現活潑，最愛將一個產品同時製作多種顏色，當全部一字排開陳列在貨架上，有種跳躍式的明亮感，這是Franc franc在促銷主打產品時最慣用的量化手法，成效相當好。當商品的選擇性增加，顧客就會用心去思考，待好不容易選了一個最喜歡的顏色，通常購買的機率很高，Franc franc是很了解消費者心理的。

Franc franc的商品分為四大類：家具類中有沙發、桌子、椅子、櫥櫃與書架、床組。電器類包含燈具、小家電。布織品類則有抱枕套、浴墊和地毯、窗簾、寢具。全系列商品類更多，可分餐具、廚房用品、家飾雜貨、收納和文具、衛浴用品與美體雜貨等。其中以全系列商品類最多，但佔面積最廣的當然是家具類。Franc franc對於商品的包裝也很用心，有時一個看起來設計再簡單不過的商品，經過包裝後，巧然一變令人驚喜，最適合當小禮物送人。我在生活工場（WORKING HOUSE）當商品企劃時，也愛參考

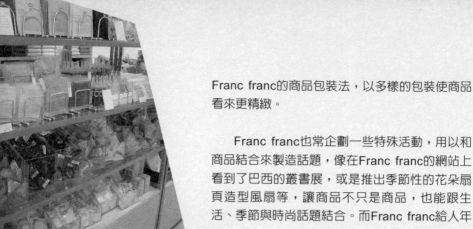

Franc franc的商品包裝法，以多樣的包裝使商品看來更精緻。

Franc franc也常企劃一些特殊活動，用以和商品結合來製造話題，像在Franc franc的網站上看到了巴西的叢書展，或是推出季節性的花朵扇頁造型風扇等，讓商品不只是商品，也能跟生活、季節與時尚話題結合。而Franc franc給人年

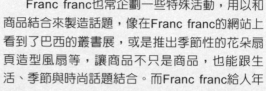

輕、活力與時尚的感覺，適合能在工作與生活中穿插樂趣且運用自如的人。

　　聽我說完，你是否有種想去的衝動？Franc franc門市除了在日本有，2003年香港開了2家分店，台灣也一直有要進駐開店的傳聞，但只聽聞樓梯響卻遲遲沒有任何動靜。對喜愛逛雜貨的我，何時才能不用大老遠跑去日本或香港，也能輕鬆買到Franc franc的商品？

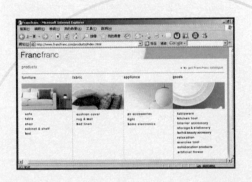

Data：

★上網站好好瞧瞧：
　http://www.francfranc.com/

★跟著地圖這樣去：
　地址→東京都世田谷區澳澤5-26-16
　　　　自由之丘MAST 3樓
　電話→03-5701-7880
　營業時間→11:00～20:00
　交通→東急東橫線、東急大井町
　　　　線，於自由之丘站下

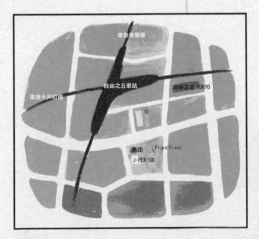

哪個少女不愛的夢幻雜貨

Afternoon Tea

說到Afternoon Tea你一定不陌生，在敦南sogo百貨B1、忠孝sogo百貨2樓、台北101 B1，以及衣蝶百貨4樓都可以看到它。它以餐廳的面貌在台現身，提供了餐點、茶飲和蛋糕下午茶，生意好到假日去都得排隊！

14

老實說，我並不特別獨鍾Afternoon Tea的餐點，吸引我的是它的雜貨和嬰兒服飾。目前Afternoon Tea約有50家店，店內販售的商品類別則有：Tearoom（茶點餅乾禮盒、花茶禮盒）；High End（精緻高級瓷器禮盒）；Furniture（椅子、沙發、桌子、書桌、邊櫃等小型家具）；Kitchen（廚房用品）；Dining（餐桌用品、餐桌棉織品和咖啡杯）；Living（家飾裝飾品、鐘類、抱枕等）；Bed＆Bath（寢具類、衛浴用品和毛巾類等）；Wear（女性家居輕便服）；Fashion goods（雨傘、帽子、手錶與雨鞋等）；Culture（戶外野餐需要品）；Bag＆Pouch（袋子、盥洗袋等）；Baby＆Kids（可細分嬰兒的圍兜、棉帽、布偶、嬰兒用餐具和學零前小孩的玩具），五花八門的商品讓人目不暇給。其中較特別的是Afternoon Tea有規劃一系列嬰兒用品，這在一般家飾雜貨店很少看到。

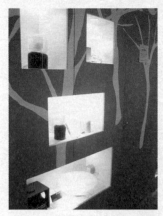

嵌入式的陳列櫃，既省空間又醒目。

　　Afternoon Tea的雜貨商品帶點田園風，綴以蕾絲小花圖案，顏色也很輕柔甜美，與少女們最搭配。我愛Afternoon Tea的東西已久，其中餐具是必買商品，看膩清一色白盤和大朵花圖案的餐具，Afternoon Tea獨有的柔和粉紅、粉藍色系，或者圓點、小花草和幾何的清新可愛，加上材質實用，不若骨瓷般有距離感，是我心中飲食生活的必需品。當你試想用Afternoon Tea的餐具吃著Afternoon Tea賣的麵包、蛋糕，同時吃進了美味

窗明几淨的空間，
讓人一目了然。

和氣氛，這種感覺很棒！所以，不僅台北的餐廳總大排長龍，東京新宿南口的Afternoon Tea餐廳更是一位難求，很多顧客都是在等候用餐時順便逛一逛旁邊的展示商品，還沒入餐廳就先買了一堆商品，這讓我想起在大賣場排隊結帳區旁一排排的巧克力和口香糖。

也許因為是飲食餐廳，Afternoon Tea主力商品也以餐具食器類居多，甚至許多顧客都是在餐廳吃完餐點就直接跑去買同樣的食器回家，只能說這種相互行銷的手法真是高明。還有日本人特愛送禮，Afternoon Tea順勢依季節推出系列的茶禮盒、果醬禮盒、小餅乾禮盒等，讓你方便買回去送人，或者邀請朋友來家中，自己泡個英式下午茶，再搭配蛋糕、餅乾，即使過了少女時代，靠Afternoon Tea一樣樂在其中。

Data：
★上網站好好瞧瞧：
　http://www.afternoon-tea.net/
★跟著地圖這樣去：
　地址→東京都新宿區西新宿1-1-5新宿LUMINE12樓（新宿
　　　　LUMINE Afternoon Living）
　電話→03-3347-1720
　營業時間→11:00～22:00（周一至五）
　　　　　　10:00～22:00（周六、日及假日）
　交通→京王地鐵、小田急地鐵，於新宿站下車

Afternoon tea

LUMINE 百貨

新宿南口站

三越百貨

可愛的福斯咖啡車

老福斯箱型車和老偉士牌機車一樣，外型復古可愛的令人愛不釋手哩！第一次看到將福斯車改裝成mini-cafe bar，是在東京的自由之丘，它就停在無印良品（MUJI）的店門旁，很有風格的向來往的行人招手。

像火柴盒般四方的外殼，內部雖小卻五臟俱全，只見老闆一個人坐在裡面，周圍放著咖啡機、洗手台和杯架等設備，他只要轉動身體方向就可以開始工作。小吧台外側還設計了一個嵌入式的空格，放一些手工餅乾。車外則擺放幾張小桌椅，供顧客坐在那裡享用咖啡，周圍也佈置一些植物盆栽，這個露天咖啡車讓人覺得溫馨自然！

它和台灣一些露天咖啡車不同的地方，在於台灣的較機械感，像日本以改造的福斯車營業，設計出許多能放入車中小尺寸的器具，但缺點是人必須坐在車廂內，沒有冷暖氣設備，著實辛苦，或許日本人也習慣了小空間，所以甘之如飴？！不過若換在天氣炎熱的台灣，可能會熱死吧！我在青山的巷子裡也有看到另一台改裝咖啡車，車款不太一樣，尺寸又更小一點，設備沒那輛福斯車來得精緻齊全，但有加一個遮陽傘，感覺很歐洲。

日本的飲食文化發達，咖啡廳、飲料店絕不比我們少，各種裝潢的都有，但我偏不愛那些風雅高尚或美式嘈雜的咖啡廳，寧願找個戶外咖啡車邊喝邊觀察行色匆匆的路人，尤其在特寒冷的季節，手持一杯熱咖啡，站在冷透了的東京別有一番滋味。

這個嵌入式櫃子放著老闆自製的手工餅乾。

看我兩手放在口袋裡，就知道這天有多冷，很適合來杯熱咖啡。

溫暖人心的家具雜貨店
MOMO natural

　　享受時代進步、科學發達的同時，不難發現我們的週遭充斥太多化學、科技類的物品，而物極必反，有些人懷念起簡單樸實的生活，開始注重與自然、環保、健康相關的事物，也越來越在意人和物體間的感情交流，MOMO natural，一個著重簡單（Simple）和自然（Natural）的家具雜貨店，彷彿聽見了這群人的需要。

　　MOMO natural的網站首頁上清楚寫著：「比起高掛天空又遙遠的星星，反而覺得肌膚觸摸得到的小燈泡更感到溫暖；相較於成為時代的時尚指標，更想成為永遠

存在的平凡（Standard）。」，可知MOMO natural訴求的是平實而溫暖人心的概念。MOMO natural在日本目前有8家店，商品以木製家具為主，裡面還有販售其他家飾、綿織、花器、園藝植物等商品，家具大都是在日本生產，岡山縣就有一個專屬工廠。由於家具全都採用紐西蘭木材製成，在紐西蘭當地有30年計畫的植林活動，希望能減輕地球的負擔，維持生態環境。

在MOMO natural心中，好的家具是從裁切、研磨、塗裝到組合，都要慢慢製作才會細緻，當這些成品被人使用，呈現出歲月留下的刻痕，進而展現使用者的個性，才是真正留在身旁的好家具，等待使用它的主人為其增添特殊個性。

MOMO natural設計風格不講求華麗流行，屬溫潤一派，沒有多多餘的裝飾品或其他顏色，整體感覺很像是北歐風格與日本田園手工風的綜合體，有很多地方強調手工，顏色上喜愛直接展現材質本色，家具的尺寸也較迷你，適合單身女性或小家庭使用，更符合現代台灣人居家環境的格局。此外，MOMO natural也有針對兒童設計系列家具，當然也是充滿自然風格的設計啦！

整間店充滿著自然純樸原木材質的商品。
整間店充滿著自然純樸原木材質的商品。

這個品牌商品設定的方向，很接近我之前在生活工場做的幸運草系列（Living plus），不過在顏色規劃上無法如MOMO natural般單純、簡單。台灣的消費者對於家具家飾品的選擇，還是偏好多彩的顏色或圖案，如果只有單純材質本身的顏色，通常接受度都不高。像木製家具一定要染色上漆才覺得完整，純棉、麻的棉織品如果不加些淺綠淺藍，就會有喪家的感覺，這是在企劃商品時也得考慮進去的，終於了解，風俗民情上的差異會深深影響消費者的習性。

Data：

★上網站好好瞧瞧：

http://www.momo-natural.co.jp/

★跟著地圖這樣去：

MOMO natural

地址→東京都目黑區自由之丘2-17-1 1樓（自由之丘店）

電話→03-3725-5120

營業時間→11:00～20:00（周一至六）

　　　　　11:00～19:30(假日)

交通→搭乘東急東橫線，於自由之丘站下

★原木質家具保養DIY：

1. 定期為木頭塗上專用蠟。木頭是有機
   材料，會隨著環境、空氣產生變化，
   所以，最好定期為它塗上一層專用
   蠟，避免被空氣腐蝕。

2. 木質家具要避免曝曬和潮濕。木質家具最
   好不要擺在容易長時間被陽光照射到
   的地方，才能避免木質的色澤褪色，
   或易產生裂痕、朽腐。清理灰塵時，
   不能用太濕的抹布擦拭，否則部分水
   氣滲透到木頭裡，使木頭內部的毛細
   孔組織被破壞。萬一不慎沾到污漬，
   可取中性清潔劑噴幾滴在軟布上，迅
   速處理污漬處，否則時間一久會很難
   整理！另一補救方法，是用磨砂紙將
   污處磨掉再重新上漆一次蠟。

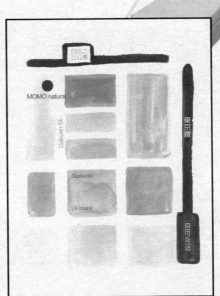

永遠的無印良品MUJI

　　於1980年成立的無印良品（MUJI），雖只有20多年的歷史，卻是深入許多日本人生活已久的國民品牌，更深得我心。它由良品企劃株式會社長時間經營，始終秉持著Less is more的經營理念和簡約、自然、有質感的生活哲學。MUJI在日文裡漢字寫作「無印」，是沒有商標記號，而「良品」，就是好東西的意思。以設計出簡單生活中真正需要的東西和形狀為宗旨，「注重素材、縮減不必要的生產過程、簡化包裝」是商品的三大特徵，MUJI以此為方針，設計製作出配合時代美的意識，且讓人長久喜愛的簡單樸素風商品。

MUJI認為一個好設計不需貼上標籤，在其商品上除了發現標示材質、產地與使用方式的說明外，看不到任何logo商標。在這種完整的企劃概念下，MUJI的商品並不著重在顏色這種表面的偽裝，只一派簡單呈現出材質的原色，甚至無色，讓所有的商品能輕易融入使用者的生活，我喜歡將買來的東西稍加些創意，成品深具我個人的生活品味，讓我對這種DIY樂此不疲。

不包含其他較小型的門市，目前全日本共有約24家旗艦店、3間outlet；在英國有15家，法國巴黎有6家，義大利米蘭1家，台灣7家，香港、韓國也都有分店，同時也已授權給都柏林、愛爾蘭、瑞典和挪威，未來MUJI的概念將推廣至世界各個角落。

我最愛逛日本的MUJI旗艦店，除了一般商品，還多了cafe shop、餐廳、花店，以及藝廊的規劃，都是在國外和台灣MUJI店中沒法完整呈現、我們始終無法充分享受到的，其中琳瑯滿目的餐飲食材更是我流連忘返的區域，購買有興趣的食材回家烹煮，連飲食都能過過無印生活。

MUJI除了一般消費者所看到的生活商品外，還有一種更深入的經營方式：自1995年起，由吉岡德仁、北山恒、難波和彥3人共同企劃以「設計一個什麼也沒有」的概念，企劃出「箱子」形狀的房子，並成立MUJI＋INFILL的企劃設計公司，於日本各地與當地的建商合作，製作符合其概念的樣品屋，目前已有10間蓋好的樣品屋供人參觀，另7間將於2006年完成，可以說是結合了生活與建築的空前設計。

如果你喜愛MUJI的生活美學概念，想居住在這樣的氛圍空間裡，你可以去各個樣品屋參觀，如有興趣訂做一間這樣的房子，MUJI＋INFILL也提供了這樣的服務，它提供了3種基本規格樣式：屋高1、2層樓，尺寸為5.46m×10.9m、8.9M×9.10m，建造費約日幣1654～1844萬元，專門人員依你提供的面積進行施工規劃、設計和報價等程序，只待正式簽完約後就能建造一個理想的家。這房子有什麼特別？除了在建造房子的過程中不用任何接著劑，符合節省能源需求，建造時間短，可長久居住外，還有保固10年的居住品質，當然，屋內所有的家具擺飾也都是MUJI的產品，讓你真正踏入MUJI的世界。

MUJI另也實踐了MUJI Outdoor Web的概念，企劃許多戶外活動。在日本設計了3個很大的露營區，提供親子露營、野炊與體驗大自然等設施，像夏天有昆蟲探索、秋天有稻田收割、冬天可以滑雪等等，目的是要讓人們親近自然與戶外。到露營區遊玩一天成人費用約日幣2,100元，小學生約日幣1,050元，學齡前小朋友免費，目前有舉辦2006 MUJI Kid's Summer Camp3天2夜兒童夏令營，看完網站上活動的介紹，心裡不禁想：如果不在日本的我們也能參加該有多好？什麼時候，我們的MUJI也會推出這樣的活動呢？

是不是開始覺得MUJI很厲害了呢？從一個單純的MUJI迷來看，單純藉由產品已無法充分了解MUJI，還必須從生活美學的角度去感受，才能了解、支持MUJI想傳遞的想法和概念，是如此的讓人深深著迷！

MUJI＋INFILL木之家的網站上有屋子的外觀、內部陳設和平面圖的介紹，絕對讓MUJI迷眼睛一亮。

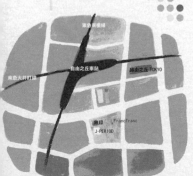

Data：

★上網站好好瞧瞧：
MUJI網站→http://www.muji.net/
MUJI＋INFILL木之家網站→http://www.muji.net/infill/
MUJI戶外活動網站→http://www.mujioutdoor.net/

★跟著地圖這樣去：
地址→東京都世田谷區奧澤5-26-9（自由之丘店）
電話→03-3723-4474
營業時間→11:00～20:00
交通→東急東橫線、東急大井町線，於自由之丘站下車

家飾店中的最高指導原則
THE CONRAN SHOP

擔任生活用品公司的商品企劃好幾年，這工作專門負責搜尋最新的產品訊息，所以，到處觀摩各種類型的家具、家飾和雜貨店做市調，成了最主要的工作之一，尤其家飾、雜貨蓬勃發展已久的日本，是取經次數最多的國家。在多次觀察後發現一個現況，由於國情和風格的限制，日本多數這類的店很少跨到海外設店，都持續在本國深耕發展，只有少數規模較大的公司會延伸觸角，到亞洲，如：香港、大陸、台灣等國開設海外據點，無

印良品（MUJI）就是一例。相反地，也許你會好奇日本是否也有外來的歐美家具家飾雜貨店進駐？答案雖是肯定，但數量卻很少，所以，能像THE CONRAN SHOP這般受日本人歡迎的便成了異數。

THE CONRAN SHOP是英國人Mr. Conran創立的，目前在英國倫敦有2家店、法國巴黎1家、美國紐約1家，然後亞洲地區只有日本有分店，還一口氣開了4家，分別在新宿都廳、丸之內、名古屋和福岡。早上10點半開始營業，但才到10點，已開始排隊的顧客使得門庭若市，當然這也包括我在內，迫不及待想趕快進去逛逛，可見THE CONRAN SHOP在日本走紅的程度。

THE CONRAN SHOP的商品，大從家具、家飾、餐廳廚房、寢具、衛浴、園藝盆栽、戶外家具用品，精緻如文具類、袋類、首飾、設計類精品、書籍等品項不勝枚舉，設計上則以提升大眾生活品質，使品味隨時融入生活中為目標。雖然THE CONRAN SHOP在全世界的分店數很少，遠不及家具界老大IKEA，但其獨特的品味與設計，無疑是所有家飾家居用品的流行風向球，記得那時還在學習中的我們，從商品結構、設計創意到

陳列擺設，幾乎將整個THE CONRAN SHOP當作教科書般研究，希望能從中汲取經驗。

THE CONRAN SHOP給人印象最深刻的，往往是商品的陳列擺設，他們不認為只將商品漂亮的擺放在某處就夠了，還需顧慮商品的特性、功能、材質與個別性，使顧客一眼就能理解設計含義與使用方式。所以，新鮮有活力的色彩組合、舒適的空間，你常會在店中看到驚喜與感動。他們用極度異想天開的意識形態手法使商品更活躍，從來THE CONRAN SHOP的商品就不只是商品而已。

印象中曾看過一個衣櫃的展示陳列，THE CONRAN SHOP將抽屜拉出一部分，裡面放入新

鮮的草皮植物，目的是讓顧客了解衣櫃是用有生命的木材製作的，而且工作人員每天必須小心翼翼為草皮澆水整理，避免水分破壞到衣櫃木材的部分，如此有創意的呈現與體貼的態度，令人覺得驚奇感動。

THE CONRAN SHOP不只提供你精緻的生活品味，還貼心設計了一個讓顧客稍微休息、歇歇腿喝杯咖啡的coffee shop，隨意一片蛋糕、一盤沙拉或三明治搭配咖啡，這樣簡單的食物與飲品，足以使你延續剛才在店內的感動。

Data：

★上網站好好瞧瞧：

　日本網站→http://www.conran.ne.jp/

　英國網站→http://www.conran.co.uk/

★跟著地圖這樣去：

　地址→東京都新宿區西新宿3-7-1（新宿本店）

　新宿PARK TOWER內 Living Design Center－

　OZONE3～4樓

　電話→03-5322-6600

　營業時間→10:30～21:00（周一、二及四）

　　　　　　10:30～21:30（周五、六及日）

　　　　　周三除遇例假日外公休

　交通→京王線於初台站，小田急線於參宮橋站下車

　　　　（參宮橋站需搭乘每站皆停的電車才能到）

小女生的血拼天堂
ITS' DEMO

　　從店型、外觀來看，ITS' DEMO類似從香港引進台灣的莎莎美妝店，但實際逛了一圈，發現其實是間兼賣化妝品和雜貨的複合店，而且店裡販售的，全都是屬於小女生喜歡的東西。

　　ITS' DEMO開店的時間不算長，但在日本已有27間店，頗受年輕顧客的青睞。它主要販售的商品有：食物類，有小點心、蜜餞、包裝可愛甜美的餅乾、糖果和礦泉水等飲料。彩妝類，多是開放架陳列的化妝品，有眼影、腮紅、口紅、唇蜜等，顏色選擇性較多。雜貨小物類，包括小便當袋、方巾、筆記本、化妝包、馬克杯與各種手機袋、吊飾等。音樂CD類，

一些輕快的Bossa nova音樂。配件、服飾類，以飾品、手袋、可愛上衣、裙子、內衣等單品為主。

　　這家店最特別的地方，在於它的商品類別規劃有別於一般服飾店或雜貨家飾店，ITS' DEMO是以主要消費者的年齡和需求去開發商品，廣大的學生就是主要消費族群。因此，可愛甜美貫穿了所有商品的風格，販售的商品不外乎卡哇依、流行小物。對於年輕學生，他們只需要一個特別的馬克杯，並非整套的咖啡杯盤組；會需要一個尺寸迷你的小抱枕當禮物送人，也非桌巾；會需要一個包裝可愛的唇蜜，但不需要整套保養品，就是從這角度產生了ITS' DEMO這家特殊風格的店，面對其他專業品項齊全的店，它反而更能凸顯本身的特殊性，更適合年輕的小女生。

　　當初在規劃生活工場第二品牌Living plus幸運草系列時，初期就是以這家店的商品概念為參考對象之一，想要有別於生活工場（working house）的商品結構，具有不一樣的商品屬性，又能適合Living plus的品牌精神，著實費了一番時間與心血，當然經過台灣消費者的喜好考驗，現在的Living plus也不同於初期的規劃，可見沒有一個品牌可以完全複製另一品牌，針對各國風俗文化和消費者喜好，必須不斷修正，品牌才能不被淘汰，繼續生存下去。

Data：

★上網站好好瞧瞧：
　http://itsdemo.jp/

★跟著地圖這樣去：
　地址→東京都新宿區西新宿1-1-3小田急新宿
　　　　MYLORD1樓
　電話→03-3349-5646
　營業時間→11:00～22:00
　交通→JR山手線、都營地下鐵新宿線、小田急地鐵，於新宿站下車

最有禪味的家飾雜貨店「J.」

　　J.這個品牌和Franc franc都是由BALS公司創立的，但兩者卻有著截然不同的風格。J.的特色是融合了日本美與現代風。所謂日本美，是指使用自然的材質如紙張、木頭為素材，並保持其簡單原味，沒有多餘的綴飾。像日本的拉門，就是僅用一張紙來區分內外，採用柔和的光和空氣來表現日本人心中的美。商品從小木器到家具，都很重視簡樸、清潔、機能等要素，給予人一種視覺上的舒適與心情上的寧靜。

除了一般家飾用品和家具外，J.比較特殊的是特別企劃了如：本漆片身箸（hon urushi katamigari，國外稱漆器為japan，代表日本傳統的工藝）、伊賀燒皿（igayaki sara，陶瓷類的盤子）、江戶錫酒器（edo suzu shuki，錫製，裝清酒的瓶子與杯）、李朝染付（richou sometsuke，受韓國影響的瓷器，將石頭與陶土合燒而成，屬硬質瓷器，在日本極有名氣叫「古伊万里」）、景色盆栽（keshiki bonsal，小型迷你、以表現四季變化的盆栽），以及土佐備長炭（tosa bin-choutan，木炭的一種，能夠過濾自來水的雜質，其中的礦物質可溶解於水中，使水喝起來柔順，也可以過濾空氣等日本獨特的工藝商品，讓這些傳統工藝也能融入一般人的生活，使大眾體認日本傳統工藝之美。

J.的商品給人的感覺就是日本風加上極簡的禪風，外加點摩登現代感的元素，使傳統的日式之美不會過於老氣，賦予新的感覺。店面裝潢是以極簡的白色為主，置物層架採較低的高度，商品擺設有適當的距離，使商品不會過於擁擠，給人輕鬆舒適的空間感。

因為和Franc franc屬同一家公司，你只要看到
Franc franc的店，附近也大多有J.的店面，很像7-
11附近就會有康是美。兩個不同風格的家飾店，
彼此吸引不同喜好的消費者，顧客的年齡層也有
明顯不同，J.的顧客大部分都是年齡層較高，感覺
較內斂成熟，而Franc franc就活潑輕快多了。

所有的商品都很有日本「禪」的風味，拿來布置家裡會有另一種風情。

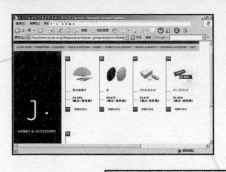

Data：

★上網站好好瞧瞧：

http://www.j-period.com/

★跟著地圖這樣去：

地址→東京都世田谷區奧澤5-26-4（自由之丘店）

電話→03-5731-6421

營業時間→11:00～20:00（不定期休）

交通→東急東橫線、東急大井町線，於自由之丘站下車

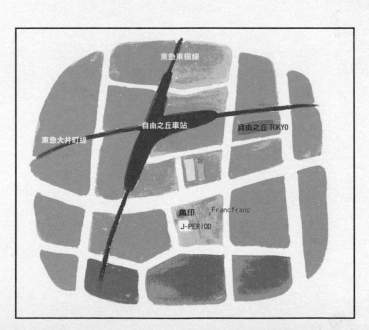

陷入瘋狂的幸運草裡

除了紅心圖案受人歡迎外，四片的幸運草（four-leaved clover）同樣令人難以招架。不限國籍人種，大家都喜愛幸運草，因為四片葉子看起來很像是由紅心組成的，似乎又比一個紅心多了些含義。

幸運草就是酢漿草，英文是「Oxalis」，是愛爾蘭的國花，會開出白色小花，在愛爾蘭的山坡上常可看得到，象徵微小卻屹立不搖。正常的酢漿草通常有三片葉子，四片葉子則是基因突變才會生長出來，很不容易找到，所以，才會有「找到四片幸運草可招來幸運」的說法。這四片葉子各有其意義，分別代表名望（Fame）、富裕（Wealth）、忠誠的愛人（Faithful Love），以及光輝的健康（Glorious Health），當四片都聚集在一起，就表示得到幸運的人生，四片缺一不可。可能是太多人想要擁有四片的幸運草，日本人就培養出四片葉子的酢漿草，只要將種子撒在土裡，很快就可以長出一盆滿滿的幸運草，但我覺得總缺少了那種得來不易的幸福感。

之前從事家用雜貨的商品企劃，由於工作需要，我曾研究過幸運草，為了開發設計讓消費者喜愛的幸運草商品，花了許多時間與心力去尋找所有和酢漿草、幸運草有關的資訊，也收集了許多相關的商品與照片。每天瘋狂的尋覓靈感，滿腦子都是一片片綠油油的幸運草，到最後甚至出現排拒幸運草的情緒，很怕看到和幸運兩個字有關的任何東西，事後想想不覺莞爾。

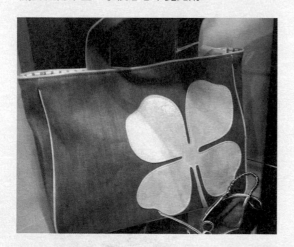

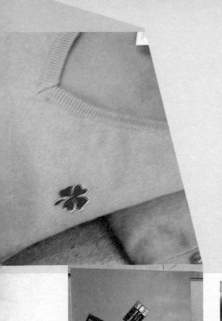

　　除了生活雜貨、小禮品、文具用品等喜歡以幸運草為設計圖案，珠寶、精品類也常以幸運草為設計主題，像梵克雅寶（Van Cleef & Arpels）「帶來幸運」的Alhambra Vintage系列、卡地亞（Cartier）的四葉草系列、香奈兒（Channel）的幸運草系列等，可見四片幸運草運用廣泛，受歡迎可見一斑。

總之，別看它只是一片小小、單薄的葉子，它可是全世界都喜愛的幸運符號呢！假若看到了代表厄運、會有惡事發生的黑貓，你得趕快去找一根有四片葉子的酢漿草，將它帶在身上就可以化解厄運，這麼浪漫又特別的傳說，你也可以親自體驗。

Data：

★聽聽幸運草小故事：

　　幸運草可以帶來幸運，是古老歐洲流傳下來的傳說。它的花語是「Be Mine」，看起來像4個愛心，也像一個十字架。四片葉子分別代表了名望、富裕、忠誠的愛人和健康，當四片都擁有，就表示真實的愛，能帶來幸運。

★想看幸運草哪兒尋：

　　幸運草即酢漿草，多生長在熱帶和亞熱帶國家，台灣也有原生和從外地來的酢漿草。由於它的生長繁殖力強，一般在路邊、花園、田野、郊外等地都看得到，但若要尋找四葉的突變種，你可以好好觀察。

回到純真年代的超自然超市
Natural House

　　Natural House於1982年成立，在當時以販賣自然有機食品為主，因提出對食品工業「say NO」的主張而受到矚目。他們提倡有機生活的概念，希望重視身體健康和自然環境的同時，也要對栽種者、包裝者，以及大自然間萬物心存感謝。消費者不該只顧便利和利益而忽略週遭。

　　Natural House用蘋果作為商標，是希望能回到從蘋果樹上採下蘋果後直接大口咬下的單純時代，那是多麼自然的一件事，而在這簡單的動作下獲得的幸福，是Natural House這家公司創業的理念。

你在這家店裡看不到日本人慣用的過度包裝，全都是以最真實、簡單的方式將食品呈現出來，讓食品自然展現美麗的外觀。還有這家店強調有機的栽種，不使用農藥，在生產包裝上貼上栽種者的相片，表示對產品的責任感和信心。

我在青山閒逛時看到這家店，整家店的裝潢和陳設都很有農莊的自然淳樸感，像將商品放入藤藍直接擺在門口，每個蔬果看來都很乾淨，令人有股想直接咬下去的衝動！

近來從國外開始流行，掀起旋風的樂活（LOHAS），有著愛健康、地球的生活方式，而Natural House早在二十幾年前，在飲食方面已率先走向樂活，可說是人類對精緻飲食的反撲吧！

這就是蘋果商標。

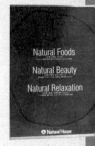

Data：

★什麼是樂活？

樂活，LOHAS，是lifestyles of health and sustainability的縮寫，指人跨越地理、種族、年齡的限制，同時愛地球、自己和家人的健康的生活方式，這種生活方式是全方面的，已傳到全世界。活用在飲食生活上，如吃有機食品、健康食品；生態上如重視環保、使用二手貨再生商品；個人心靈成長如瑜珈、健身等。

★上網站好好瞧瞧：

http://www.naturalhouse.co.jp/

★跟著地圖這樣去：

地址→東京都港區北青山3-6-18

電話→03-3498-2277

營業時間→10:00～22:00，全年無休

交通→搭乘東京METRO半藏門線、千代田線，於表參道站下車

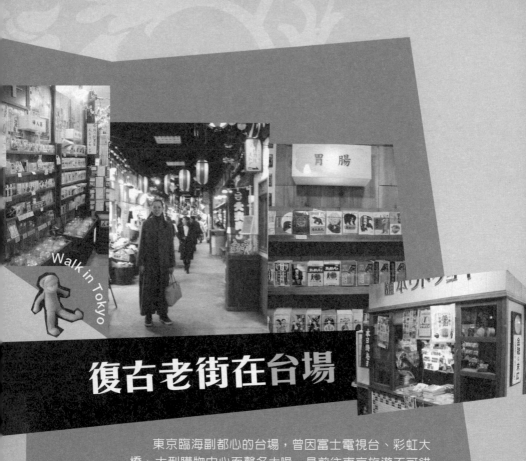

復古老街在台場

東京臨海副都心的台場，曾因富士電視台、彩虹大橋、大型購物中心而聲名大噪，是前往東京旅遊不可錯過的景點之一。

從東京前往台場有兩個方式，一是坐電車到新橋站，搭往有明方向的電車，在第六站的台場站下車就到了；另一個方式是搭船，可在淺草雷門寺的對面直走，就會看到搭往台場的遊艇。大型的血拼廣場、海濱公園，還有迷你尺寸的自由女神像、摩天輪等遊樂設施，不僅觀光客，就連東京人也很愛來此度假。

台場有很多購物商場，其中有一間叫「DECKS TOKYO BEACH」的商場，裡面聚集了許多服飾、食品、雜貨的商店，遇上折扣期間，家飾、雜貨類物品的折扣都很高。當你從底層往上逛，會看到其中有一整層樓亞洲懷舊風格的商店街，有早期日本時代的藥局、食品店，也有滿是茶樓、麵館、迴轉飲茶和港式糖水舖的台場小香港，還有舊店舖，牆上故意貼滿紅紙的招租廣告，斑駁的水泥牆，華人味道的牌樓、霓虹燈等，走其其中，還以為身在戶外。

這些懷舊風格的店舖並非模型建築，是真的在營業販售產品！不管是吃的、用的、穿的，所見的通通都有賣，整個店模擬的極為逼真又有趣。如果在裡面拍照，還以為有了小叮噹的任意門，讓你1小時前去香港、1小時後在日本玩喔！

Data：

★上網站好好瞧瞧：

前往台場前，可從以下網站中選出最適合的交通工具。

http://www.yurikamome.co.jp

http://www.twr.co.jp

http://www.suijobus.co.jp

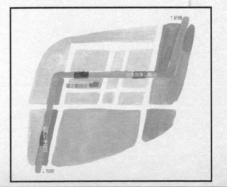

瑞典篇

Svenskt Tenn、IKEA、GRANIT、
Ordning & Reda Paper and Design、
ROOM.COM、Svenskt Hantverk……

10人設計團的北歐風格家飾店

這家店約有30年歷史了。剛開始是由10個設計師共同成立,他們有些是從事設計工作,也有從事印刷等不同性質的行業,彼此大都是同學或朋友的朋友,因為共同的理念,在1970年時,主動向一家公司提案並獲得支持,終於在1973年開了這家店。

每個設計師的設計都有其風格,整體來說,屬於簡單又帶點50~60年代復古味道的花布,顏色也以活潑亮麗居多。他們自己生產布,這些花布除可製作其他袋類商品,也運用到家飾類的設計,像沙發、圍裙、托盤、嬰兒車、布偶等,產品十分多樣化,但都脫離不了生活用品、雜貨。

★上網站好好瞧瞧：

http://www.tiogruppen.com/

★跟著地圖這樣去：

地址→Gōtgatan 25　116 46 Stockholm

電話→46-8-643-25-04

營業時間→10:00～18:00（周一至五）

　　　　11:00～16:00（周六）

　　　　12:00～16:00（周日）

交通→可至Metro（瑞典捷運）Slussen 站下車

這家店在1990～1993年獲得瑞士設計優秀賞，當2001年還出版了作品集。

　　店面並不大，裝潢也很簡單，透明玻璃和花布商品是僅有的點綴。不同於一般生活家飾只能買到成品，在這裡，你可以只買布匹回去訂製成窗簾或抱枕。而袋子則有幾個固定實用的型款，再不停開發設計新花布去套用，架上陳列出一個個花布作品，非常顯眼，很有北歐風格。而且，如以瑞典的生活水準來看，它的價格算是平實可親。之後我到日本出差，也看到了這品牌的商品，商品種類不多，但價錢卻貴約3倍，馬上後悔在瑞典時沒多買些。

　　去瑞典旅遊時，我特別挑選了一、二樣商品和一塊零碼布，圖案鮮豔的零碼布做什麼都適合，只是因為它實在太美麗，遲遲捨不得用，至今仍然平躺在衣櫃裡，你能告訴我用來做什麼才好？

Svenskt Tenn

滿滿印花家飾店Svenskt Tenn

Svenskt Tenn是一家從1924年就成立的公司,專門設計並印製色彩美麗、圖案搶眼的花布,它的配色強烈大膽,且完全不帶丁點俗味。Svenskt Tenn不僅只印花布,還延伸以獨家布料製作家具、燈罩、布料、禮品家飾品和近期才出現的袋類商品。它在1925年巴黎工藝展、1927年在美國各地展出時都獲得極高的評價,從1930年開始製造家具、織品等家飾類商品,更在2003年於日本舉辦展覽。

Svenskt Tenn的花布大多是採用印染技術,將圖案印在布上,就是類似印刷的方式,只是將紙張換成胚布,每一個顏色就要印一層,所以顏色花樣越多,印刷的過程就越繁複、更困難了,這也是這些花布的價值所在。

★上網站好好瞧瞧：

http://www.svenskttenn.se/

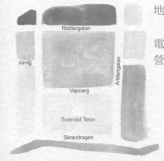

★跟著地圖這樣去：
地址→Strandvagen Box 5478
　　　SE-114 84 Stockholm
電話→08-670-1600
營業時間→10:00～18:00（周一
　　　　　至五）
　　　　　10:00～16:00（周六）
　　　　　12:00～16:00（周日）

　　這家店的客人通常都很多，很受當地人喜愛。你可以直接購買花布布匹，然後自行訂製窗簾、沙發套、抱枕、燈罩、寢具等，不過，前提是你本身的配色工夫要厲害才行，因為每塊布的顏色都很搶眼亮麗，要能搭配的不流於俗氣，還真有兩下配色功力，但若真的很想買卻沒把握，店裡面設有諮詢人員，可以請他們給你一個專業的建議。當然如果你實在懶得傷腦筋，就只好買店裡現成的商品了。

　　第一眼看這些花，會覺得有點突兀，但又不自覺被吸引，仔細再看一下，反而越久越耐看呢！我漸漸愛上這種花布風格，但看看價錢，卻也不太便宜，只好猛看過乾癮。不妨先單買一塊布，可以做成抱枕、枕頭或椅墊等，讓素雅的室內增添幾許活潑亮麗。

瑞典人的蘋果比賽

　　瑞典地大，家家戶戶幾乎都有庭院，而他們一定會種上幾顆蘋果樹。就和台灣人喜歡在自家陽台、庭院種些辣椒樹、蔥蒜、香草植物，瑞典人多種蘋果樹和梨子樹。成熟的蘋果可以拿來做蘋果酒、果醬，果醬酸酸澀澀的味道，搭配瑞典人傳統下午茶的烤鬆餅，淋點蜂漿，再加上自製的蘋果醬就很美味！瑞典的夏天盛產蘋果，所以夏天最常吃到的甜點就是蘋果派，不像美式整塊的蘋果派，而是將蘋果烤到溫軟後加入碎派皮，配上鮮奶油食用，算是平民化的甜點。

一盤盤顏色和品種都不同的蘋果，
等著評審來評分。

　　有回行至瑞典，順便去探訪嫁給瑞典人，目前定居在這的朋友，
終於見識到傳統的下午茶。滿滿一桌鬆餅，旁邊放滿多種口味的果
醬、蜂蜜，還有不可少的主角花茶、紅茶、鬆餅等，記得每個人眼前
那高20公分的鬆餅，有種參加大胃王比賽的錯覺。

　　說回蘋果，我本以為蘋果不過就那幾種，沒想到有次我看到公園
草坪上搭了一個很大的帳棚，靠近門口就聞到濃郁的蘋果香，門內映
入眼簾的是一張又大又長的桌子，桌上整齊擺滿一盤盤不同種類的蘋
果，並標示是誰家種植的蘋果。這是個蘋果比賽，經過評審試吃後，
選出色香味俱全的蘋果給予表揚。這類比賽可以增進鄰居間的情感，
還帶些趣味，是替愈來愈冷漠的社會找回溫暖的好方法。

　　記憶中蘋果比賽帳棚內那熟透的蘋果香，是甜甜的、暖暖的，有
點像玫瑰花的香味，又帶點發效後的酒味，那時我才發現，原來吃蘋
果也會醉。

Walk in Sweden

Gamla Stan

放慢腳步遊老城卡姆拉・斯坦
（Gamla Stan）

　　當我緩緩走進這撒了一地的陽光和清新空氣，可以感覺到煩躁正一點點消失，有的只是愜意，這裡是瑞典老城卡姆拉・斯坦（Gamla Stan）。它位於斯德哥爾摩市中心，13世紀前維京人在此展開建設，後來歷經多次戰亂，目前僅存鵝卵石砌成的街道，以及古老的樓房，現在看來，有點像與現代的對岸成對比的獨立小島。瑞典政府嚴格保護這座城的原始樣貌，保留這街道、房牆，甚至那古舊的氣味和迷人的光景，因此，目前居住在這的居民是不可以隨意更改裝修房子的，只能維持它。

　　老城的巷道都是舊有的石頭路，現代化汽車很難駛入，只能停在外圍，這裡的居民必須步行才能回到家。你可能也走過許多歐洲特有的石頭路，了解絕不適合穿高跟鞋行走，否則只有自討苦吃。不過，這裡允許騎腳踏車，只是路陡坡多，沒有好腳力也是白搭。

這是瑞典傳統手工藝，用羊毛材質沾上特殊膠水，就可以捏塑成各種造型。

這裡開了不少商店，多數以販售藝品、手工藝品為主，像知名的水晶玻璃製品、陶瓷和羊毛製品，材質和設計自成一格，一直是旅客們的最愛。

「小而溫」則是這裡傳統房子的特色。瑞典人似乎偏愛用暖色調，顏色不脫明黃、暖橘、磚紅，這也許是因為氣候的關係。瑞典一年有1/3的時間都很冷，夏天相對較短，大概只有1個多月氣溫有達到攝氏25℃，其他時間都偏涼，像我去時是9月，白天有陽光時氣溫約攝氏25℃，但沒有陽光或日落入夜後，氣溫會降至攝氏15℃，冬天更只有零下20℃，對來自亞熱帶台灣的我，的確偏冷。他們為了使屋子看來更溫暖，才愛用溫暖的顏色粉飾建築，當陽光撒下，有種少見的絢麗金紅。如果在台灣，建築全改用這些橘色、黃色，一到夏天，我們肯定會熱暈中暑。

DATA

★跟著地圖這樣去：

交通→可至Metro（瑞典捷運）malartorget站下車

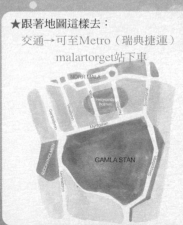

IKEA

瑞典家具飾品大王IKEA

即使行程再緊湊,去到瑞典怎能錯過IKEA,一間全球最大的家具連鎖公司。

位在斯德哥爾摩凱爾島(Skarholmen)的IKEA,是IKEA的總部,也曾是世界上最大的IKEA賣場,但已被美國芝加哥的超大賣場取代。我去的是位於STOCKHOLM郊區的IKEA,當時正在進行擴建施工,預計在原賣場旁再興建一棟,使空間更大更充足。如果你想去,可以搭乘它們的專車去,約半小時一班來回,相當方便,不過,要注意它回程最後一班車的時間,免得錯過就糟了!

整個陳列裝潢區域似乎比台灣來得大燈光讓人覺得現場很溫馨

逛IKEA的經驗很多，但我在逛這家店時，除了店內商品外，吸引我的是一台看起來像是清潔車，仔細看後才知道是陳列人員專用的工具車，商場裡的陳設人員就靠這台車來維持和陳列商品。舉凡展示燈泡的更換、POP增補、清潔髒污、使賣場環境暢通等，都是陳列人員在維持，所以下次去逛IKEA時，不要隨意破壞他們用心陳列的氣氛喔！

IKEA最大的特色是帶入了組合家具的觀念，即使這在歐美、日本等國已盛行許久。記得小時候家裡購買家具，都得成套購買，自從有了IKEA，我們學會了DIY組裝家具，可以單一購買某種家具，不僅節省預算，還能從組裝中獲得樂趣和成就感，整個改變了台灣人購買家具的習慣。

　　還有，我們也不再只是缺少家具時才會去逛IKEA，偌大的賣場什麼東西都有，就像在逛百貨公司般，假日甚至可以在裡面消磨一整天。加上產品走中低價位，即使學生或剛出社會在外租屋的新鮮人也買得起。花色和圖案選擇性更大，素雅或活潑色調都有得挑。

　　另一點不知道你逛IKEA時有沒注意？他們有很多運用馬的造型設計出的商品。這可不是馬年的因素，他們不過中國農曆年，也不懂什麼是馬年的由來，完全是因為馬是瑞典的吉祥物。這些紅色的馬都是側面站姿，身上有條紋和花樣，短短肥肥的身軀很有趣，瑞典幾乎家

★上網站好好瞧瞧：
http://www.ikea.com

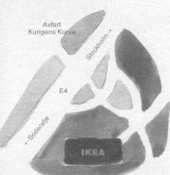

★跟著地圖這樣去：
地址→ Kungens Kurva Modulvägen 1
　　　 Box 79　127 22 Skärholmen
　　　 Telefon
電話→020-43-90-50
營業時間→10:00～20:00（周一至五）
10:00～18:00（周六、日、假日）
交通→在市中心的Gallerian商場和
　　　 Hornstur鐵路車站有接駁車可搭，
　　　 約每小時1班。

家戶戶都會有一、二樣和馬相關的擺飾，類似我們在過年時貼的門
聯，所以，IKEA也不能免俗出現許多跟馬有關的商品，像木雕擺飾、
燭臺、掛毯、抱枕等，已是行之有年的傳統，而台灣只有剛好在馬年
時，才會採購進來製造話題和趣味性。

瑞典的溫馨便利店7-11

　　真叫人無法相信呵！以往在街角巷口那熟悉的7-11，居然出現在這個接近北極圈的城市中。瑞典的7-11，不同於台灣的便利商店，有點像迷你超級市場和速食店的綜合體。有別於亞洲店面白日光燈的光亮，這裡店內燈光異常柔和溫暖，有賣現煮咖啡、三明治、糕點，以及秤重的糖果（在瑞典到處都賣糖果，他們超愛吃糖）。還有一些新鮮蔬果，但我覺得較誇張的是，這裡居然也看得到微波便當，像我們習以為常的炒米粉、泰式咖哩飯等，不過猛一回過神，我現在可是在北歐耶！

★上網站好好瞧瞧：

太陽網→http://www.suntravel.com.tw/zone/Europe/

瑞典觀光局→http://www.visitsweden.com/

★認識瑞典：

瑞典位於北歐斯堪地那半島，東北部與芬蘭相接，西部和西北部則與挪威為鄰。首都是斯德哥爾摩，官方語言為瑞典語，但大部分的人都會說英語，時差上較台灣慢7小時。

瑞典的7-11還很貼心，在店內一角擺了張桌椅，像是露天咖啡座般舒適自在。那天經過，將想念台北的心情轉移在一盒炒河粉上，好心的店員幫我微波後，就坐在店內享用。看著窗外來往的行人，心情很複雜，這個又鹹又甜的炒河粉實在不怎麼道地，也不怎麼美味，但它卻給我一種溫馨的感覺，一種熟悉的味道，比起台灣過度明亮的便利商店更令人自在舒服。走入台灣超明亮的便利商店，常覺得買完東西得趕緊離開，總是行色匆匆，不過在這裡，溫暖的燈令我自在舒服。這裡的便利商店也不像台灣到處都找得到，更不可能像我們連郊外、山頂都有。

還有，如果你在這裡迷路時，找個店員問路最好了，通常他們的英語程度都不錯，絕對可以給你一個清楚的指引，讓你少走冤枉路。

GRANIT

瑞典版的無印良品
GRANIT.COM

　　GRANIT.com是我個人頗鍾愛的瑞典家飾雜貨品牌之一，專門販售文具等辦公室用品、衛浴用品和茶、咖啡等廚房用品，商品種類齊全。

　　這是一間只有黑、白、灰和不鏽鋼顏色的店，所有商品上不貼任何商標，我覺得有點像瑞典版的無印良品（MUJI），不過，GRANIT.COM的風格較偏男性，商品是以簡單且大範圍的方式陳列在貨架上，品質也沒那麼精細，售價當然就便宜，很適合年輕學生購買。GRANIT.COM的商品較實用，適合預算不多、喜歡有設計感的消費族群，即使搬了家整批換掉也不會感到心疼。

看這些商品，還和無印良品真相似！

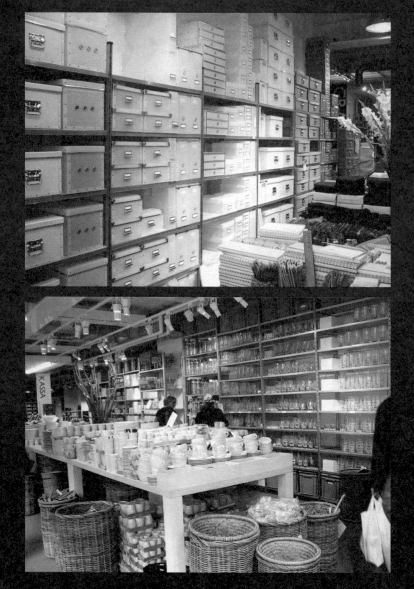

　　這家店商品的形象做得相當好，用強烈又有個性的圖像將最基本的商品包裝起來，明確的抓住主要消費者的層次。此外，因商品的品質尚稱中等，所以店家很聰明的將顏色控制在黑白灰三色，可以替商品外觀品項加分，即使是設計再簡單不過的商品，也提升了價值與購買慾。

★上網站好好瞧瞧：

http://www.granit.com

★跟著地圖這樣去：

地址→St Eriksgatan 45 112 34 Stockholm
電話→08-650-73-25
營業時間→10:00～17:00（周一至五）
　　　　　10:00～17:00（周六）
　　　　　11:00～17:00（周日）

Ordning & Reda Paper and Design

紙類專門店 Ordning & Reda Paper and Design

　　我們幾乎每天都使用紙，紙是再普通不過的生活用品之一，而在國外，相當注重紙的品質，一張紙，淡色高雅、色澤圖案大膽亮眼都有人愛，各類具設計感的紙製商品總能獲得人的青睞。

　　這是一間專門賣紙製品的店，有筆記本、信紙、信封、檔案夾、包裝紙、卡片、鉛筆等，全都使用色彩搶眼的單一色塊，整體風格極為強烈。而且它在商品的實用性上花了許多巧思，像一些特殊尺寸的筆記本、便利貼、紙張、檔案盒，在細節上都設計了特別之處，讓看起來簡單的商品有了不一樣的面貌。

★上網站好好瞧瞧：
http://www.ordning-reda.com/

★跟著地圖這樣去：
地址→St Eriksgatan 46 SE-112 34 Stockholm, Sweden
電話→08-728-20-60
營業時間→10:00～18:00（周一至五）
　　　　　10:00～16:00（周六）
　　　　　每周日休息

　　通常紙類在全世界都有通用尺寸，像萬用手冊的尺寸都差不多，當內頁用完時就可以直接更換內頁，不過，Ordning＆Reda常會設計些特殊尺寸的用品，所以在售價上也挺貴的，一本18×25公分的「空白內頁」筆記本，差不多要新台幣200～400元，可以算是名牌文具用品！

　　在亞洲，我只有在東京看到這間店，但後來就沒有再繼續經營下去了，這或許和日本人較喜愛有圖像的設計有關吧！？

顏色亮麗的商品櫥窗，很能吸引路人駐足欣賞。

瑞典人就愛劍蘭

　　劍蘭在台灣是很大眾化的花材之一，不是很特別的花種，通常是清明祭祖時會使用的花，但是在瑞典人眼裡就不同啦！因為劍蘭的花型有著俐落簡約的線條，加上多變的顏色，大多瑞典人都很喜歡，所以劍蘭在北歐馬上就身價不同。

　　旅行瑞典，一路都會看到在很多家飾店、服飾店或咖啡店裡，都會插上一大束劍蘭，高高直挺挺的插在高級玻璃花瓶裡，一大把的紅、黃或白，看起來蠻符合北歐風格的。經過市場時，賣花的花販還來不及將花拆箱，就有客人直接整捆抱走，受歡迎的程度會讓台灣人咋舌。

68

★聽聽劍蘭小故事：
我們常見的劍蘭，又叫流星花、福蘭，除了常見的紅色，還有白、鵝黃、粉紅和紫紅等顏色，可從春天到秋天持續開花。喜歡劍蘭的人，在台中后里，與台13線交叉的中28、31、32鄉道附近都可看到一大片的劍蘭園。

看來瑞典人真的很愛劍蘭，每個人都是一大把一大把的挑選購買。

　　如果瑞典人知道劍蘭在台灣都是用做祭祖的花材，不知會有何感想？又或者如果在台灣的服飾店、咖啡廳裡插一大束劍蘭，顧客會有怎樣的感覺？其實劍蘭可是香港的賀年花！這也說明了一個東西不應該有既定觀念，不同的民族性、喜好或其他因素，可能使人對同一樣東西有相異的感觸，就像菊花吧，在瑞典也很受歡迎喔！

ROOM.COM

低調有品味的家飾店
ROOM.COM

　　這家家具店是朋友強力推薦的，我依照他標示的地圖尋找，沿路並沒有其他任何商店，加上附近都是住家形式的建築，實在看不出會有家飾店開在這，正當我打算放棄尋找時，看見一個女子手提著印有這家商店LOGO的購物袋，又看到路上行人三三兩兩往一條巷道走去，我跟著走去探探，結果在一個轉角後就看到這家ROOM.COM shop。

從商店的外觀來看，ROOM.COM真的是很低調，只有那個藍色布條可供辨識。

　　這家店的招牌就只有一條旗幟，入口店門也很小，很像一般住家的大門，外觀沒啥特別，看來很普通，直到走進店中才發現別有洞天。店內保留了原來老式建築的樣式，沒有多加裝潢，感覺像在閣樓、頂樓。這裡販售家具、家飾、棉織品、文具類、餐廚餐具，以及園藝盆栽等，風格是以混搭為主。除了全新的商品，這兒也賣二手家具，還有些知名的經典家具，經由店家的特別陳列，展現出獨特的味道。別以為這些二手家具的設計一定很古舊，其中不乏深具現代感的商品，即使每樣東西本身的設計都很搶眼，但搭配起來卻異常對味，如果你只買了其中之一，也不用擔心與你原來的家具格格不入，也許反而會有意想不到的效果。我很喜歡舊建築，很愛在現代感的家中點綴一、二件老家具，覺得這樣可使家裡很有人味和時間流動的感覺。

店裡還有一個戶外小花園，擺放一些園藝用品、裝飾品、植物盆栽，旁邊室內則有一個吧台和幾張桌椅，賣一些簡單的點心、飲料，提供客人小憩的場所。當我站在小花園，午前的陽光自然撒下，盆栽中的植物閃閃發亮，不禁有股衝動想帶幾盆植物回去，布置一個優雅的陽台。不過依規定國外的植物、盆栽不可帶回台灣，也許我只能在飯店裡過過乾癮。

★上網站好好瞧瞧：

　http://www.room.se/

★跟著地圖這樣去：

　地址→R.O.O.M. AB　alströmergatan

　　　　20 112 47 stockholm

　電話→08-692-50-00

　營業時間→10:00～18:00（周一至五）

　　　　　　10:00～16:00（周六）

　　　　　周日休息

The Vasa Museum

瑞典的沉船博物館
The Vasa Museum

瑞典人真好，
居然有繁體中
文的樓層說名
書哩！

世上的沉船很多，但你從沒聽過沉船造成的博物館吧！我也是，
不過，我在瑞典卻也真的參觀一座沉船博物館。

「Vasa」這艘船是目前世界上唯一完整保留下來，於17世紀建造
的戰船，它是在1961年4月24日在斯德哥爾摩的深海底被發現，是距
離沉船333年之後才被發現。Vasa會沉船的主因，在於船上裝有2座很
重的大砲，由於船本身是木造的，承載量根本無法負荷大砲的重量，
因此才會在海面行駛時，因海浪大而輕易的翻覆沉船。

這艘木造的戰船沉在深海裡3百多年，光想著要如何打撈起來就很
傷腦筋，在1961年當時，因技術尚不完整，想在不破壞船隻下成功打

★上網站好好瞧瞧：
http://www.vasamuseet.se/Vasamuseet/Om.aspx

★跟著地圖這樣去：
地址→Box 27131　102 52 Stockholm
電話→ 08-519-548-00
營業時間→（2006）一月～五月10:00～17:00（周一至五）
　　　　　　　　　　　10:00～18:00（周六）
　　　　　　六月～八月8:30～18:00（周一至日）
　　　　　　九月～十二月10:00～17:00（周一至五）
　　　　　　　　　　　10:00~18:00（周六）
　　　　　　12月23～25日及12月31～1月1日休館

撈，再加上修復是不可能的，所以，The Vasa Museum是在1990年才成立開館的。

　　遠看這座博物館，其造型就像一艘船，外觀有3個高聳船杆，地點則靠近海邊，視野景觀都很棒。整個博物館的正中心就是Vasa這艘船，共有地上2層和地下1層三層樓。樓層是環繞Vasa船身而上，在地下樓層也可以看到船艙。1樓和舺板同高，2樓則在船杆的位置，所以可以依展覽動線清楚的觀賞整艘船的構造。船上有很多木雕裝飾，但大都已被腐蝕掉，有鑲珍珠、寶石的地方當然不翼而飛，但有個地方很神奇，大多數的船杆上的麻繩居然完整無缺，也許是經過仔細修復保養過了吧！

　　近代沉船中，最有名的莫過於「鐵達泥號」了，傳說沉船中聚集了很多冤魂，每每想到就毛骨悚然。不過參觀Vasa，感覺就好像學生時代的戶外觀摩教學，耳邊導覽人員迅速的解說和詳細的史料，還真的一點都沒有陰森的氣氛。

Svenskt Hantverk

展現原木自然色的家飾店
Svenskt Hantverk

瑞典的手工藝技術舉世聞名，舉凡家具、家飾、生活小雜貨等，不論是設計、用色、材質選購，都在水準之上。其中，瑞典等歐洲國家因為少子化，大多很注重兒童玩具的工藝設計，所以對兒童用品和益智玩具的設計都很用心，成品既有趣又富益智性，連大人們都愛不釋手，而這就是我們普遍認識的瑞典。

除了常見顏色鮮豔、幾何色塊的設計，瑞典人也善用各種材質，像原木材質，就是常被使用的材質之一。Svenskt Hantverk是一家專門以原木做材質的家飾店，它的商品設計偏向自然樸實，著重於手工。店內販售具有設計感的商品，喜歡運用自然材質如木材、棉麻布料、羊毛來設計一些有巧思的居家用品、家飾棉織品和兒童玩具等。

★上網站好好瞧瞧：
http://www.hantverk.iris.se/

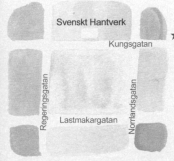

★跟著地圖這樣去：
地址→Kungsgstan 55 111 22
　　　Stockholm, Sweden
電話→08-21-47-26
營業時間→10:00～18:00（周一
　　　　　至五）
　　　　　10:00～15:00（周六）
　　　　　每周日休息

　　像瑞典人很喜歡蠟燭，所以搭配的燭台就有多種樣式，有桌上的、掛在牆上的，在Svenskt Hantverk選購這類商品，你一定會因拿不定主意而煩惱。還有，瑞典人相當喜愛運用羊毛，常見用來製作服飾、帽子、家飾棉織等，就因羊毛製的產品多，整理羊毛器具、各類刷子，軟的硬的一應俱全。

　　在顏色上，Svenskt Hantverk喜歡採用素材本身的顏色，因此，連木材都沒有刻意上色或塗上透明漆，如果在台灣，這種外觀的商品銷路一定不佳，要台灣人接受無色的東西實在很難，再者，台灣長期濕熱，木製家具若沒有塗明漆容易長霉，這也許是我們先天氣候條件不佳使然。不過，以環保和健康來看，沒有抹任何塗料才是真正環保，且對人體最健康、無害，否則注重身體健康、生活品質的歐美、日本人也不會如此崇尚原木原色的家具了。Svenskt Hantverk只會用一些簡單線條畫些傳統動物像麋鹿、貓或狗的圖案點綴在原木色家具上，使商品看來簡單、沒有設計繁複的感覺，最適合喜愛簡單樸實風的你。

令人驚豔的乾淨傳統市場

　　常逛市場的我其實一直有個疑惑：「為什麼國外傳統市場的路面或攤子都很乾淨呢？」撇開超級市場型態來看，國外的傳統市場也都是賣生肉、生魚，可就是沒有任何污水，也不會有腥臭味，商品也都堆疊得很高，但看起來就是有種美感。肉販、菜販和花販們也都會穿著白色圍裙，圍裙上也沒有沾著血水，也不髒污，是很乾淨的。但為什麼我們的傳統市場不是這樣？

乾淨如超市的
傳統市場。

　　如果你去中國人的傳統市場，不論是台灣還是國外的中國城，大
多一樣，都是又髒又臭、濕答答、陰陰暗暗的，到處都是污水，垃圾
一堆，不時還會散發出臭味，尤其休息後更是飄滿腥臭味。這也難怪
在SARS疫情嚴重時，連遠在紐約的中國城都讓老美誤認與香港一樣
會發生疫情。

　　逛瑞典這邊的傳統市場，讓人感覺很舒服，不會滴出血水的肉
排，份量厚實又新鮮，恨不得馬上買回家煎來吃。沒有沿路的垃圾會
絆倒你，更不見菜籃車擁擠的碰撞。還有一些只有在食譜上看過，或
是進口到台灣後變成天價的水果，這裡一盤盤、一堆堆賣，價格便宜
又道地，邊吃邊買很盡興。誰說旅遊就一定得去古堡、古城、遊河？
參與當地人的生活，才能看到這個國家最真實的一面。

瑞典的黃昏和熱氣球

　　這裡是靠近市政府的街道上，時間是晚上7點多，這天是夏天，所以天暗的比較晚。我正準備回瑞典朋友家，經過一座小橋，抬頭一看，整個人不禁呆掉了。多麼綺麗的雲彩，柔和的夕陽打在雲朵上，產生多變的顏色，這時用肉眼都很難說出究竟是什麼顏色系，整個景色投映在水面上，隨著水波搖晃，波光斂艷。而我久久無法離開這片美麗的天際，就這樣佇立在橋上許久。

　　不一會天空中飄來了熱氣球，很像童話故事的畫面，後來問朋友才知道，在瑞典乘坐熱氣球是很稀鬆平常的活動，尤其在夏天這個季

★聽聽熱氣球小故事：
熱氣球是在西元1783年6月5日，由法國人蒙克戈爾兄弟發明的，他們利用熱空氣比冷空氣輕，熱氣球受熱膨脹的物理原理使氣球順利飛在天空中。一般是先在熱氣球底下裝設大型燃燒器，以燃燒器將熱氣球裡的空氣加熱，氣球就可以升空了。

節，瑞典地形屬於平原，沒什麼高山，風向穩定，高樓大廈也很少，所以即使是都市，也很適合放熱氣球。天氣好時抬頭一望，整個天空到處都有熱氣球飄來飄去，原來是我少見多怪了。

朋友問我想不想去試試，有懼高症的我猛搖頭，心想只要在地面上看就很滿足，真要飛上去，我可能會先暈過去。而且，我一想到降落的問題就害怕，雖說降落時只要關掉點火器，然後控制熱氣球的方向就可以慢慢下降，再者乘坐熱氣球時還會揹上降落傘，稱得上是很安全的活動，但我無法克服恐懼，還是看看即可，一點也不打算嘗試。

在台灣的空曠地區，一樣也能看到美麗的黃昏景致，只是住在城市裡的我們，一棟比一棟高的大樓擋住了天空，加上行色匆匆，想要好好欣賞大自然的美景，還真得花一點工夫，所以人在異國卻能輕易看到，真是太幸運了。

台灣篇

PiiN、WORKING HOUSE、
Off Time、mooi、fantaisie、
Grace Yei、red-bubble、
worldzakka……

品味東方匯西方時尚
家居美學的PiiN

品東西家居（PiiN），是生活工場創辦人——鄧學中先生在2004年2月成立的新品牌，幸運的，那時我也參與商品企劃的工作，短短半年內就在環亞5樓開了第一間旗艦店，目前台灣有5家分店。

當初鄧先生是想開一間風格有別於生活工場（WORKING HOUSE）的大型家飾店，我那時也躍躍欲試，企劃一個在台灣尚未出現的本國大型店，一間更注重消費者想法與觀感的店，所以高興的參加這個工作，忙碌是後話，但真獲得不少經驗。

　　說到PiiN的概念，是融合東方的內涵質感與西方現代摩登的風格，加以東西合併，沒有矯揉的東方味，也不是俗氣的傳統色。這個東方並不是背負著傳統的東方，而是一個CONTEMPO-RARY'S EASTERN STYLE，能夠保有東方的內涵與質感，又能與現代相互交融，進而撞出更有新意的美感。

　　所以，你處處可見東西混合的擺放陳列，這樣能夠激撞出不同的視覺效果，像一套西式沙發，搭配一個中式的茶几，就很有特色，又或是一張明清圓椅，上面吊了一盞水晶吊燈，更是有說不出的氣氛。它的商品種類涵蓋了家具、家飾、衛浴、餐廚、園藝和工作空間等，其他造型特殊設計調高的椅子、舊家具等，在這裡也都可以找到，還有讓人耳目一新的商品，充分滿足你想要混搭的樂趣。

PiiN認為家居空間是工作回家後的緩衝地帶，能夠讓你將繁忙的工作關在門外，也是與家人、朋友相聚的私人空間，應該輕鬆又自在，因此，寬大舒適的沙發、能調節空間氣氛的燈光，還有能裝點居家美觀的家飾品都是必需的，你可以用這些家具飾品布置一個喜愛的家。還有PiiN的LOGO是紅色的，概念來自紅色在東方屬於傳統色，但放在西方又代表大膽強烈，同樣的紅在東西方卻有不同的解讀，但卻極富相容性，所以

在PiiN的商品色系上，都會刻意挑選紅色做為視覺的話題點。

PiiN店內有一販售空間和家具設計書的區域。

　　PiiN還有個值得介紹的，是在店內也規劃了販售空間和家具設計書的區域，希望消費者在逛的同時也能擁有一個休息空間，可以仔細思考自己居家空間需要的東西，或是翻閱設計書籍做參考。

　　我在草創初期滿懷興奮加入了這個團隊，還記得預

定開第一家店時，工作行程異常緊湊，負責商品企劃工作的我，在很短時間一連去了倫敦、法蘭克福、廣州、泰國等地看展覽採購商品，還好和同事默契絕佳，才能在限定的時間內完成開店計畫，當環亞店舉辦開幕會時，才真覺得鬆了一口氣。那半年裡除了商品企劃、採購商品外，還有店裝設定、員工的教育訓練，以及許多繁瑣的工作細節，當這些都完成後，回想起來還真覺得不可思議！

這張展示床，讓人看了就很想躺一下。

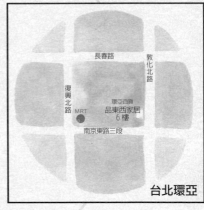

長春路

敦化北路

復興北路

MRT

環亞百貨
品東西家居
6樓

南京東路三段

台北環亞

Data：

★上網站好好瞧瞧：

　網站→http://www.piin.com.tw/

★跟著地圖這樣去：

　地址→台北市南京東路三段337號6樓（環亞店）

　電話→02-8712-8578

　營業時間→11:00～22:00（周　至五）

　　　　　11:00～22:30（周六、日及假日）

　交通→搭乘捷運木柵線於南京復興站下車，搭乘行駛南京東路上的公車，

　　　　於南京敦化站下車

最有人氣的
本土家具家飾店
WORKING HOUSE

生活工場（WORKING HOUSE）從初期的小型店到現在的大型連鎖家具家飾店，已有10年的歷史。它是一個完全由台灣公司獨資創立的品牌，初期商品以鄉村風的杉木小家具、絨毛熊為主，現在轉型成全系列的生活家具家飾用品。店數則拓展到全省108家直營門市和專櫃，外加7家暢貨中心（Outlet）。

我在1999年時進入生活工場工作，那時生活工場的店面平均約35坪，品項數約2,000多項。當公司決定朝向100坪以上的大型店發展時，首先，商品的風格經過重新定位為「N-B-S」。N是「Natural」，自然的材質。B是「Basic」，基本的功能。S則是「Simple」，簡單的設計，這就是WORKING HOUSE商品風格的基礎。而商品種類是以空間規劃來區分，分成客廳區、臥室區、服飾區、衛浴區、園藝區、餐廳食品區、廚房區和工作區，另外還有禮品、兒童和創意區的商品類等，然後再規劃更細的分類和各商品的佔比量。

層層疊疊整齊的陳列，反而可以有效利用空間。

色彩鮮豔的產品，很能刺激消費者的購買慾。

其次是店坪數要加大，品項也須從2,000項擴充到5,000項以上，記得那時為了拓展開發商品數，與採購同事四處去開發商品和找尋配合供應商，然後再設計、打樣，以及設計包裝，這些商品產生的過程雖然繁瑣，但年輕時也不知哪來的精神和體力來完成這些工作，當看到門市店數依照預先設定陸續增加，便有種難以言喻的成就感。

販售的小盆栽，包裝可愛，
很想買一個回家。

我在2001年5月時向公司申請留職停薪至紐約遊學，可能是職業病，在紐約遊學期間，還陸續蒐集訪查不同風格和店型的家飾店。2002年再回到公司時，加入新品牌Living plus的團隊。Living plus是一個獨立開發的品牌，主要商品以幸運草圖案為主，幸運草本來只是WORKING HOUSE其中一系列的商品，以陶瓷餐具為主，後來公司欲擴展商品數時，我將幸運草另外規劃成不同風格的品牌，在門市裡以店中店的方式獨立成一區，後來因品項數足夠且銷售成績不錯，公司才在同年決定將幸運草完全獨立成Living plus這個新品牌。

　　Living plus的品牌宗旨，是從「為生活加分」的角度起步，發展規劃專屬25～35歲女性的系列商品，就是用視覺、聽覺、嗅覺、味覺和觸覺等五覺來體會生活，商品風格偏向柔和自然、不做作，商品種類也以這五覺來開發，像音樂CD（聽覺）、芳香精油（嗅覺）、服飾袋類（視覺）、茶飲器具（味覺）、寢具棉紡（觸覺）等。目前Living plus是以約35坪的小型店為設定面積，所以在設點方面，以百貨專櫃或附屬WORKING HOUSE裡的店中店為主。

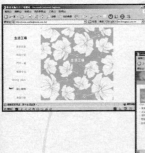

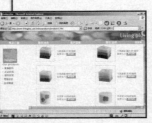

Data：

★上網站好好瞧瞧：

　　http://www.workinghouse.com.tw（WORKING HOUSE）

　　http://www.livingplus.com.tw/（Living plus）

★跟著地圖這樣去：

　　地址→台北市南京東路三段337號5樓（環亞店）

　　客服電話→0800-018-598

　　營業時間→11:00～21:30（周一至四）

　　　　　　　10:00～22:00（周五、六、日及假日前一天）

　　交通→搭乘捷運木柵線於南京復興站下車，搭乘行駛南京東路上的公車，
　　　　　於南京敦化站下車

Off Time，下班後‧生活雜貨，是中國力霸集團自創的本土家飾雜貨品牌，民國83年成立至今已有10幾年了，都是以百貨公司設立專櫃的形式經營，比較少看到自營店面。這個專為女性設計的生活雜貨品牌，以「簡單‧舒適‧輕鬆」為品牌的理念，用大自然植物、浪漫花卉、寓言童話動物為主題，希望能打造一個純淨、舒適的舒壓空間，在紛紛擾擾的都會叢林中，提供一處身心靈的淨地，找回自己與世界的新和諧關係。簡單說，就是將自然、浪漫、歡樂的空間延伸至Off Time下班後的居家空間。

這個本土品牌的商品結合了「O」「F」「F」三大設計精神。第一個字「O」，是指「Original」原創設計，由設計師自行開發設計，從生活中取材，融合國際的潮流和生活主題，以舒適、無壓的生活理念，取最天然、舒適的材質和簡潔的設計，製作出適合台灣人的生活雜貨。

第二個字「F」，即「Fun」趣味，是將活潑、淘氣的小貓、小狗擬人化，做為故事的主角，發展出活潑有趣的故事情節，並以此情境設計商品，營造在遊戲中享受生活雜貨的樂趣。

Off Time
Enjoy Different Lifestyle

第三個字「F」，指「Female」女性專屬，摒除市面上品牌將居家生活商品做全客層設計的想法，專為女性設計生活雜貨，更能凸顯女性天真、浪漫與甜美的特性。Off Time喜歡以大自然花園為設計主題，像初生的花蕊、逐步綻放的花顏或嬌豔爭妍的花仙子，再伴隨著四季交替，展現出女性獨特純真、甜美、浪漫的多樣化風貌。

帶有濃厚女性色彩的下午茶茶具套裝組盒，招待朋友時最合適。

Off Time目前在台灣的百貨公司裡有6間專
櫃,早期的商品涵蓋了家飾、衛浴用品、餐廚用
品、文具紙品、棉織寢具、家居服飾等,後來商
品類別逐漸調整成以寢具、家居服飾、袋類、棉
質踏墊、布偶抱枕等布織品為主,運用自然花
草,童趣動物等簡單的圖案,在不同的材質與商
品上展現出柔軟的質感。專櫃裝潢也採用潔淨刷
白的木頭為基調,搭配粉嫩色系的商品,整體給
人輕快、舒適、放鬆的感覺。尤其在家居服的款
式設計上,極為適合在家輕鬆自在的穿著,方便
在住家附近外出時穿。

Off Time中最推薦的明星商品是寢具類,因
為中國力霸集團本身就有紡織廠,必定很重視材
料的品質,再加上Off Time有和國內外插畫師合
作,設計很多漂亮的圖案,呈現在寢具上更顯獨
特,每次我去逛Off Time時,都會有股衝動想買
一整套回家哩!

Data:

　　專櫃→衣蝶台北、衣蝶桃園、衣蝶台中、新光三越信義店A11館、新光三越台南西門店
　　營業時間→各百貨營業時間

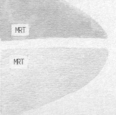

滿滿德風的
二手家具店魔椅

一個在柏林待了半年的人，因為喜愛柏林的生活型態和
柏林跳蚤市場裡的二手家具，所以往後的10年內陸續來回柏
林，就因為這樣，他在一年多前開了魔椅（mooi）這家專賣
二手家具、家飾的店。

你對德國有啥印象？拘謹的民族性、說一不二、不容打折的態度，試試逛一遍這家店，你對德國的印象會有所改觀。一般人包括我在內，都認為德國人很嚴肅，在家居風格上也以簡單兼高科技感的設計為主，但只要你到過這家店，一定會深深感動、驚訝於原來德國的二手家具也帶有濃厚趣味。

魔椅商品種類以2～3人坐沙發、造型單椅、燈飾居多，我想是因為普通顧客對椅子的接受度較高，產品本身的實用性也廣，若能在家中擺上一把造型設計特殊的椅子，相信氣氛馬上能有所不同。再挑選一盞具畫龍點睛效果的燈飾搭配，整個家居馬上改變風情。除了一般小家庭或單身獨居的人特別喜歡二手家具帶來的不同風格外，還有很多顧客是服飾店、咖啡店或沙龍店的老闆，刻意來找尋能搭配裝潢的二手家具。

所有商品都是二手的，難免會留下歲月的痕跡，當然這也是二手家具迷人之處。二手家具的數量也有限，不一定找得到整套家具或足夠的數量，在數量的限制下，一錯過或稍微猶豫，商品馬上就被買走了，所以來這若看到喜愛的東西，千萬別手軟喔！

　　有人喜歡全新無瑕的家具，但我偏愛二手家具，它們本身散發出的歲月感，以及人使用過的觸感，在在表現出一種生命力。我也愛買二手家具，更建議其他同好抱著隨緣不強求的心情去挖寶，免得因沒找到而失望或懊悔錯過而感到遺憾。

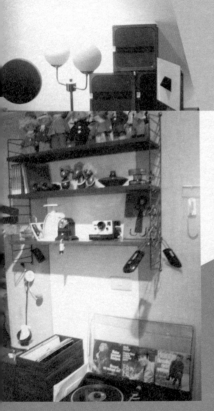

　　據老闆表示，他大約每3個月就得出國採買進貨，每次都是將滿滿20呎大的貨櫃一路從柏林運回台灣。老闆將四處搜尋到的貨物集中到港口，再仔細打包裝櫃運送回台灣，最後全部陳列展示在店裡。某些二手家具在運送過程中多少都會有一些耗損或產生傷口，必須在運回台灣後請師傅整理維修，使家具回復原貌，不過，這可一點都不損害它們本身的使用功能。

　　如果你也是個二手家具的愛好者，但老遺憾沒有空間可以放，你大可放心，魔椅裡面也販售一些裝飾小物、玻璃花器、用老布花裱的掛畫和小玩偶，或許可以稍稍滿足你的購買慾。

色彩豐富亮麗，
具歐式風格的二
手家具。

Data：
★地址→台北市富錦街345號1樓
　電話→02-2765-5152
　E-mail→service@mooitaiwan.com

魔椅　富錦街345號　頂好超市　民生東路

創意市集，
大家一起搞創意

這一兩年在台灣迅速竄紅的創意市集手作雜貨，在日本早已是個完善的市場，甚至有專門學校特別開設教授雜貨設計，以及手作雜貨相關器材和配件材料用法的科系。而台灣，是這幾年才開始陸續有人發展推動這類手作創意市集，我也喜歡去逛市集，期待挖掘到喜愛的作品。參觀數次這類活動，認識不少獨特的創意人，特別介紹幾位因興趣或工作接觸而投入創意市集手作雜貨的個人創作者，他們都有個共同的願望——希望未來成立自己專屬的店，進而拓展到國外，讓更多人認識、喜愛他們的東西，我想，這也是大部分創作人的理想。

fantaisie林逸菁

興趣和一股衝動使然，逸菁和朋友從2004年9月開始，做一些自己喜歡的創意小物，在敦南誠品門口前擺攤，因受到歡迎有一定的銷售量，在2005年成立了一個自己的品牌。他專門以布織的材質做一些手工雜貨，有運用絹印手法印在布上做成的袋子、抱枕，也有使用羊毛氈做成的飾品，作品多偏向柔軟女性的風格，目前專心創作手作雜貨，並成立個人部落格，將自己的創作放上去販售，有時他也接受顧客的特殊訂做，作品也有放在一家店寄賣，生意還頗好。

林逸菁照片提供

Grace Yei

Grace在唸復興商工時，選的是金屬工藝組，他是第一位未滿18歲就入選戴比爾斯手飾設計的人，之後的畢業製作，就是以金屬和琺瑯為媒材創作的飾品。Grace高中畢業後到紐約唸大學，專攻琺瑯材質與金屬工藝的創作，2000年紐約Parsons大學畢業後，就在紐約從事飾品設計，不僅親自畫設計圖，還負責自行創作銷售的工作，回到台灣後，同樣從事飾品創作的工作，成立了a pink leaf的個人品牌。

Grace Yei 照片提供

Grace Yei 照片提供

Grace創作的飾品多半風格強烈，偏向尺寸較大的設計，運用的材質包括了銀、K金、珍珠、半寶石、水晶、不鏽鋼、琺瑯、木和石等，相較於一般單一材質的設計，他的飾品材質更多樣化。創作的種類則有項鍊、戒指、耳環、手環、手鍊、別針等，都是搭配性極高的作品。Grace目前準備開設金工教室，只要購買材料包，就可以免費在教室裡親自做一個自己的飾品，如果有興趣，也可以另行學習金工課程。

red-bubble

夢想，從一顆泡泡開始。

如同品牌名，red-bubble的創作物品都從圓形出發，就像小時候最愛玩的肥皂泡泡般，總讓人覺得好玩、開心。喜歡新鮮有趣的事物，red-bubble的主人，從事商品設計時就愛做東做西的他，6年前轉戰流行雜誌服裝編輯的工作後，常因拍照的突發狀況，需要臨時DIY一些道具配件來搭配整體服裝造型，加上因工作之需，出國時總會特地找一些飾品配件或零件，改成自己喜歡的樣式，間接促成了red-bubble的開始。愛突發奇想的red-bubble，作品走生活流行風，最常見的是手工縫製易搭配的小飾品，最近也開始嘗試改裝布鞋，實用性都很高，因為都是手工製作的後加工處理，作品無法大量生產，想看看red-bubble的作品，不妨上他的部落格看看。

red-bubble
照片提供

worldzakka

　　一個以野獸派風格出名的雜貨品牌。成立時間才約半年的worldzakka，在無名的部落格始終高居人氣部落格，這得歸功於創作者毛利的勤於更換版面，以及源源不絕的創作力。

　　worldzakka的作品，種類包括玩偶、配件類，給人第一眼的視覺感受十分強烈，「用色大膽、配色鮮明」是worldzakka創作最大的風格。還有毛利天馬行空的想像力，創造出多個有個性的人物，有種令人一見難忘的本事。他的作品善於拼貼組合不同材質，搭配上不甚工整的手工縫線，也許不是傳統可愛的小女孩玩偶，但絕對適合擺放在辦公桌上，在疲憊時令你發出會心的一笑，不信嗎？上他的部落格瞧瞧！

worldzakka 照片提供

Data：

★上部落格好好瞧瞧：

逸菁的部落格→http://blog.am.com/fantaisie
red-bubble的部落格→http://tw.myblog.yahoo.com/red-bubble
worldzakka→http://www.wretch.cc/blog/worldzakka
CAMPO生活藝術狂歡節→http://campolive.blogspot.com/
跑兒台北→http://powertaipei.blogspot.com/
新好南海→http://blog.yam.com/nanhai
寶藏巖共生聚落→http://blog.yam.com/thcoop

★聯絡Grace Yei→0921-618-845

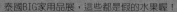

Walk in Taiwan

你也嚮往
這一行的工作嗎？

　　復興美工一畢業，第一份工作是在珠寶店做商品設計，後來又去當時頗有名的外文書局──敦煌書局做美術編輯，猶記那時還是以手工做稿，是個尚未全面電腦化的時代，某一天突然興起從事立體設計方面工作的慾望，開始特別注意有關陳列的相關工作。我先去一家男裝公司，擔任平面與櫥窗設計的工作，之後看到生活工場在應徵商品企劃，就憑著一股熱情投履歷去應徵，很巧的是當時老闆鄧先生是我工作男裝公司的顧客，因此有了機會面試。

那時候生活工場正準備轉型，目標是擴大商品種類，以及將一套完整的CIS導入品牌，剛好我對CIS設定有經驗，再加上我那時不知哪來的勇氣，告訴老闆我一定會努力達成公司要求，就順利的進入生活工場擔任商品企劃的工作。

我想，有些人可能對這一類型的工作有興趣，那實際上，應該具備哪種條件和技術才能進入家飾雜貨這一行？我認為「熱忱」是最重要的，這也適用於每份工作，只有熱忱與喜愛，你才能忍受工作上的困難與挫折。其次，最好是擁有基本繪圖軟體的基礎，像常見的Corel DREW、Illustrator、photoshop等軟體都要會用。另外，平時就要多觀察市面上或國內外雜誌居家生活布置，就像你想當一位服裝設計師，你就一定會特別注意設計師的品牌，去觀察每個設計師的設計風格、運用素材等。

如果你對家飾雜貨有極高興趣，就一定要去觀察一些家飾雜貨品牌，了解那些店的商品種類、商品風格。還有，若和我一樣想當個商品企劃，更要對消費者和消費市場的喜好有所體認，才能以公司的風格、需求，做出符合市場需求的商品。因此，只要你有心，多具備些觀察力和基本繪圖技巧，相信你可以順利進入這行！

去倫敦市調時看產品

泰國BIG家用品展，
沐浴品與造型蠟燭。

泰國BIG展覽

商品企劃參考顏色

美國篇

ABC store、ANTHROPOLOGIE、
Barneys New York、Breukelen、
Crate&Barrel、DEAN &
DELUCA、FISHS EDDY、
URBAN OUTFITTERS、
Guggeheim Museum 、
DUMBO、MoMA、
P.S.1 Museum、
Brooklyn Museum……

ABC store

開在有200年歷史建築裡的
百貨公司ABC Store

　　這家店是在1897年成立的，就座落在百老匯（Broadway）上。這棟從外觀看來頗有年代的建築，有7層樓高，樓內的裝潢都還保留著百年來古老的氣息。這兒販售的商品走華麗宮廷風，無論大小器具設計都很精緻。販售的種類有家具、棉織品、寢具、餐廚用品、文具紙品、服飾珠寶、園藝盆栽和嬰兒用品服飾等，其中我覺得最特別的，是賣了很多做工精緻且又美又大的水晶吊燈，每一盞都高高懸掛在屋頂上，與其他商品搭配陳列。從1樓進去馬上就能看到這些閃亮華麗的水晶吊燈，我就是在這時愛上水晶吊燈的。

　　店內還另闢一區專門販賣中國、亞洲風的家具和擺飾品，你可以看到紅棉床、櫥櫃、太師椅、青磁花器、紙燈籠等，混合了日本、中

★上網站好好瞧瞧：
http://www.abchome.com

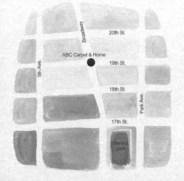

★跟著地圖這樣去：
地址→888＆881 Broadway New York, NY 10003
電話→212-473-3000
營業時間→10:00～20:00（周一至四）
　　　　　10:00～18:30（周五）
　　　　　11:00～19:00（周六）
　　　　　12:00～18:30（周日）

國傳統和泰國、越南的亞洲綜合風，大概是因為美國人無法清楚分辨其中的不同，所以全都混雜放在同一區。不過，將亞洲風和英式印度風格的棉織品一起放，有種令人驚豔的獨特味道，像將一張貴妃椅放在印度絲毯上，搭配縫珠刺繡的宮廷式抱枕，再加上一盞水晶吊燈，實在是很特別的組合。外國人也喜歡將一些東西另做他用，像把鳥籠當園藝花盆，裡面種花或擺蠟燭，令人不得不佩服他們的想法。

樓上擺滿了英式、美式、中式的舊家具，還有一些現代設計風家具。通常店家都會先將舊家具重新整修和保養再販售，若沙發布面破損，可能會換上高級緹花布，若皮質沙發有刮傷，會加以修補，加上是古董級商品，售價都比新商品貴許多。另外還有一層樓全放置各種風格的地毯，地毯的款式繁多，各種尺寸皆有，記得我看到一張已有些破損的印度絲毯，還能看出年代久遠的磨花效果，一看標價，居然比全新的還貴2～3倍，只因那是18世紀的古董地毯！

來這間高級家具、家飾店的客人中，大部分是替顧客選購的設計師，可見這裡早受到專業級的肯定，連在一些知名的家飾雜誌像，InStyle、ELLE，也會出現ABC store的報導或家具展示，你來百老匯時絕不要錯過。

對了，ABC store裡面還有4間不同風味的餐廳，有美式混合、西班牙風、法式麵包店和一間巧克力店，逛累了可以來一口巧克力。

ANTHROPOLOGIE

異國風混搭的服飾家飾店
ANTHROPOLOGIE

　　住在紐約的好友知道我喜歡逛家飾和風格特異的店，特別帶我去逛一家她私房推薦的異國風家飾服飾店，聽說紐約人也很喜歡這類商店。店裡擺放了許多風格迥異的裝飾性商品，感覺很像一個喜愛到處旅行的女子，從各地帶回來有趣的紀念品似的，雖看起來稍微雜亂，但卻有種堅持自我的風格。這裡的商品以服飾為主，上班服、小禮服、休閒服，以及專門的度假服裝，還有不少混合了華麗復古及裝飾藝術（art deco）味道的飾品配件，像英式人頭浮雕胸針，旁邊配上銅鍊和蕾絲蝴蝶結，垂垂吊吊的什麼都摻雜，卻又很融合。

　　店內除服飾居大宗，另還有家飾商品，像寢具、抱枕、蠟燭、文具紙品、鏡子、小櫃子，以及沐浴用品、睡內衣、布偶、寵物用品，

Moving Pictures

★上網站好好瞧瞧：
http://www.anthropologie.com/jump.jsp?itemID=
0&itemType=HOME_PAGE

★跟著地圖這樣去：
地址→375 West Broadway New
　　　York, NY 10012（百老匯店）
電話→212-343-7070
營業時間→11:00～20:00（周一至六）
　　　　　11:00～18:00（周日）
交通→搭地鐵4.5.6號train在
　　　Bleecker St.站下車。

而最受歡迎的，是陶瓷或塑膠材質製的把手，用來更換櫃子上的把手
或當作衣服掛勾，非常實用。

　　店裡用來擺放商品的，都是些外觀稍舊，有點年代藝術品的櫥
櫃、桌子，別以為它們只是單純的陳列架，其實上面貼有標價，喜歡
也可以買回家！這種將陳列和商品結合的手法，有助於增加顧客衝動
購買的慾望，至少我就是被深深吸引的一個。

　　我有次因工作去印度出差看展，赫然發現ANTHROPOLOGIE裡
面販售的商品，多數都在印度採購，像地墊、鑄鐵燭台、鏡子、涼
被、服飾、披肩和漂亮把手，都是印度當地傳統手工藝商品。還有一
次是去印度新德里看展，同樣也看到了ANTHROPOLOGIE的部分商
品，看到成本價後立刻倒抽一口氣，那時在紐約常去逛這家店，窮遊
學生的身分，只有眼睛欣賞的份，遲遲無法下手購買，現在反而慶幸
當時沒買。偷偷告訴你，價差可是好幾倍哩！不過，換個角度來看，
因為它必須加上貨運、關稅、店租和人事成本，價差也是必然的。而
且在會場看到的價錢也無法零買，因為你必須訂單才行。

Barneys New York

迷你卻很有個性的

Barneys New York

　　紐約有很多百貨公司林立，其中最令紐約人趨之若鶩的，當然首推邦尼（Barneys）百貨公司啦！和紐約其他傳統百年的百貨公司比，它雖然迷你，卻是間很有個性的百貨，裡面的商品品牌全都是在其他商店、百貨看不到的獨特品牌。

　　一樓永遠是珠寶、袋類、圍絲巾和化妝品的天下，但其中帽類專區最是吸引我。歐美人很喜歡戴帽子，不是你以為的只有皇室成員才戴，一般平民也視帽子為重要的配件之一。尤其在正式社交場合，一頂設計精緻特殊的帽子，可充分博得他人的好感，這是不愛戴帽子的台灣人難以理解的。

這個陳列櫃相當有特色吧！讓人過目難忘。

　　二樓已被男女鞋整個掩蓋，每雙都美得令人想打包，但US$300～1,000的價格，還是欣賞的意義大過購買。三樓的正式禮服、套裝類算是最特別的，這裡所有的商品不論品牌，全都打散混合陳列，所以，你可能在同支陳列吊架上看到不同品牌子的衣服，但彼此卻能搭配，這些商品都是先經過Barneys挑選，再重新搭配組合給顧客挑選。只要Barneys裡的商品，可以說代表了紐約最新的流行時尚，Barneys百貨就是有本事這樣高調。

　　Barneys也有自己的設計師，專門設計自營的品牌，售價比較低。很多人都會因為其他知名品牌售價太貴，退而求其次選擇購買Barneys自己設計的服飾，反正同樣兼具品味和流行，這一招相當厲害！

　　Barneys的櫥窗陳列也很有名，較偏裝置藝術的設計陳列方式，而且總能先一步表現出最新的流行概念，頗受設計師們注意，更是很多陳列師們學習模仿的對象。

　　再順便告訴你一個秘密，Barneys一年會舉行兩次過季商品大特賣，春夏與秋冬各一次，特賣的地點不在百貨公司裡，通常是在6 Ave. 17～18街之間的倉庫，做為期5天的大減價。100公尺的排隊長龍，如不是親臨現場，你很難想像的盛況。約30分鐘後輪到你進去時，工作人員會給你一個約可裝2個嬰兒的超大購物袋，然後就是快狠準的搶購啦！還有件要注意的事，雖然特賣場內有提供試衣間，但因等待時間過久，通常很多大方的紐約人就直接當場換穿，省時又快速。所以，最好只穿件小可愛和小短褲或是大圓裙，直接換穿也不會曝光，再準備一個腰包裝錢包、手機等貴重物品，就是標準買家的裝扮啦！只不過夏季減價時可以這樣穿，但冬季減價可就麻煩了！

★上網站好好瞧瞧：

http://www.barneys.com/b/index.s

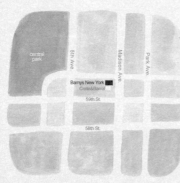

★跟著地圖這樣去：

地址→660 Madison Avenue New
York NY 10021-8448

營業時間→10:00～18:00（周一至五）
10:00～17:00（周六）
11:00～16:00（周日）

電話→212-826-8900

Barneys在1990年時也在東京開了海外分店，地點在東京新宿區，搭JR線於新宿車站的東口出去，走到歌舞伎町中間就可以看到，商品一樣屬於高價位，門口也和在紐約的Barneys百貨般有人幫你開門，同樣走的是精品風格，富貴感逼人！

Breukelen

初放光芒的設計師家具店

Breukelen

　　紐約是個人文薈萃之處，文化、藝術氣息濃厚，各類藝術創作者無論出名與否都齊聚在此，其中那些初出的個人設計師或畫家，雖然作品並不是很多，但集合起來，就很多樣化且數量可觀了。在紐約，就有一些經紀人，專開一間類似展示間的商店，將這些新設計師或藝術家的作品陳列出來。這種店不同於一般傳統手工藝品店，它比較強調設計師的背景和風格，設計感十足，有些還是工業設計的商品。你可以單買或用代理的方式，將這些作品推廣到其他國家，像台灣的青庭、青石等公司就是採用這種方法。

　　我在布魯克林（Brooklyn）發現這間店，它的店名很有趣，叫Breukelen，拼字不同但發音和Brookyln一樣。裡面除家具、家飾類，畫作、雕塑、飾品設計等系列小作品也有。整體作品調性一致，皆屬現代感且帶簡潔俐落的風格，大概是老闆個人的偏好吧！這些設計師的作品彼此間也可相互搭配，不禁佩服這位老闆具備了極佳的鑑賞能力和審美觀，才能慧眼獨具的從不同創作者的作品中，找到適合擺在同一個空間的，類似藝廊的經紀人尋找作品般。

　　我看中一張用四張不鏽鋼材質鋼板焊接而成的大桌子，桌面故意留下焊接點與黑黑的鋼鐵色，頗具粗獷的後現代風格，用來做餐桌或工作桌都很棒。若牆上再掛上一幅版畫手法的油畫作品，真是相得益彰，有股說不出的冷峻感。這些都是設計師精品，但畢竟還是設計界新鮮人，售價平實不少，而且如果你眼光獨到，說不定這些明日之星的作品有可能增值喔！

　　購買設計師或藝術家作品，獨鍾大師級作品或只要合自己喜好而買的人都有，像這樣存在於紐約的小店其實不少，這代表只要作品深具風格特色，自有人欣賞，有時想想，比起一窩蜂去購買大師作品，尋找屬於自己味的作品，似乎更能顯現自我鑑賞力。

跳蚤市場買回的椅子，
一路扛回室友家。

來紐約，怎能錯過跳蚤市場？

老外愛死舊東西了！

在跳蚤市場（flea market）你什麼都可以買得到。印象中台灣的
跳蚤市場好像只賣衣服、袋子、鞋子等，價錢搞不好比新的還貴，可
能都是老闆親自到國外採買的，所以成本不會低。

不過來到紐約，你一定要來逛逛這裡的跳蚤市場，包準你會花光
口袋裡的現金。它以前是在曼哈頓（manhattan）的市中心，第六大
道23～25街之間，共有三個集散地，現在地點改遷到第11大道23街
上，而且也由三個集合成一個了。不過它在原地點，即第六大道23街
有免費接駁車可以搭喔！

那它到底賣了些什麼呢？一般來說可分為四大類：第一類是服飾配件類，特別推薦購買較少見的復古襯衫、復古洋裝、皮衣、貂皮大衣和復古鑲珠亮片的禮服，配件類中絲巾、復古太陽眼鏡、靴子、特殊材質的珠寶首飾、插上羽毛或縫珠的正式禮帽、晚宴手包也都是可下手的目標。

★跟著地圖這樣去：
地址→紐約曼哈頓第11大道23街
交通→搭乘地鐵F train到23街下車，
　　　再搭免費接駁公車去第11大道
　　　的23街上。
營業時間→10:00～18:00(周六、日)

第二類生活居家用品，包含沙發、地毯、餐桌椅、燈飾、衣櫃、茶几、鏡子、壁鐘、復古電話機、復古收音機、舊型小家電、燭台、花器、裝飾品、衣架，連門把和復古水龍頭都有，不過因大型物品難以運送，建議可挑選體積較小的東西。

第三類是所謂的趣味商品，像有歷史紀念價值的火車玩具、洋娃娃、打火機、菸斗、舊照片、不知名的畫作、黑膠唱片、撲克牌、舊錢幣紙鈔、益智棋、書籍、手錶等，多屬體積小的物品。最後這一類是我實在搞不懂買家是誰的商品，像用過的化妝粉盒、口紅、空的香水瓶、泛黃的壁紙等，究竟哪些人會買，對我始終是個謎。

看到喜歡的東西該如何喊價購買呢？通常美金100元以下的商品，可殺價的空間大約只有20%。像你若看中一件美金80元的大衣，心中預估底價為美金70元，這時你不妨語氣明白堅決的喊價美金65元，老闆可能會編一些理由拒絕，你做勢轉身要走，通常95%以上的老闆一定會說：「那美金70元行不行？」這樣就可以掏錢買下來啦！不過有一點千萬要注意的是，假如當你喊的價格比老闆的定價還低，而且老闆也答應時，你就一定得買下來，否則下次也別想再去逛了。美金100元以上議價空間就大許多，像美金200元的單人沙發，你可以一口氣從美金130元殺起，還可問明有無含運送費用。像我那時陪室友買了一個復古仿名設計師設計的單人沙發，就從美金220元殺到美金140元成交，即使不含運送，我和室友一路抬著它搭地鐵回家，再辛苦爬上5樓，雖然很累但也值得，是一次難忘且愉快的跳蚤市場之

Crate & Barrel

融入生活的大型連鎖家具家飾店
Crate&Barrel

Crate&Barrel是1962年時由一對夫妻共同創立的家族企業，成立已有40年以上的歷史，對許多美國人而言，早已融入日常生活中。從第一間店開始，至今在全美已經有145間連鎖店，共7000名的員工，這樣的規模算是大企業了，它有很完善的產品規劃和網站，隨時給你完整的商品和活動資訊。

Crate&Barrel的主力商品是餐廚用品（tableware）與廚房用品（kitchenware），小到餐巾紙、調味料，大到小家電都有賣，連食譜都

有。店內裝潢會依季節來做陳列主題，決定商品色系、風格，每次看他們更換櫥窗或店內擺設，都是一種驚喜，充滿了創意，創造出來的情境，很能使人融入其中。

賣場的面積很大，每家店都有2～3個樓層，除了主力商品，其他家具、戶外用品、寢具、地毯、窗簾桌巾、花器、園藝用品、裝飾品、時鐘、蠟燭、沐浴用品、兒童用品等，賣場裡都尋得著，一趟逛下來很花體力。商品風格多樣，你可以看到冷調高質感，和色彩鮮豔或純白無瑕的餐具同時販售，大色塊和印花布的桌巾、床單緊鄰放置，任顧客依喜好挑選。Crate&Barrel的商品結構和大家熟悉的IKEA差不多，只不過Crate&Barrel並非以平價、扁平包裝為主要訴求，而是講求有層次感的家居生活，提供顧客生活中更鉅細靡遺、分門別類的服務，像結婚禮品、生日禮品、紀念日禮品組合，以及畢業禮品組合等，讓顧客針對不同目的輕鬆做選擇。

無論以下照片中的哪組家具，
我都喜歡的想買回家。

你還記得自己畢業時收過什麼禮物？或者送過哪些畢業禮物給
人？大多是鋼筆、數位相機、MP3、皮夾等。但你想不到在歐美國
家，也可以送家飾品當畢業禮物，這是因為歐美人大都很注重居家生
活，很多大學生都是一個人住，自然用得到這些禮品，還有畢業後也
會因工作搬家而需要添購新的居家用品，送這類禮物最恰當，當然更
別說送給新婚的朋友！

★上網站好好瞧瞧：
　http://www.crateandbarrel.com

★跟著地圖這樣去：
　地址→650 Madison Avenue New
　　　　York, NY 10022
　電話→212-308-0011
　營業時間→10:00～21:00（周一至五）
　　　　　　10:00～21:00（周六）
　　　　　　12:00～9:00（周日）
　交通→搭乘地鐵4.5.6號train在
　　　　Lexington Ave./59 St.站下
　　　　車，或是搭N/R/W線到5
　　　　Ave./60 St.下車亦可。

DEAN & DELUCA

SOHO區最有品味的超市

DEAN & DELUCA

　　如果你要去紐約玩，除了旅遊雜誌上的必去景點，告訴你一個非去不可的地方，那就是DEAN & DELUCA超市。出國旅遊逛超市有沒有搞錯？這千真萬確。位於SOHO區百老匯（Broadway）上的DEAN & DELUCA超市，一半以上的顧客都是慕名而來的遊客，為什麼這麼多人要去這「超市」？它是超市，卻不像一般的超市。裡面有賣生鮮魚肉、罐頭調味料、各式乾果，也有現煮咖啡、蛋糕、麵包、各式乳酪和許多熟食沙拉等秤重的料理。它的每一樣商品都是經過精心陳列，絕看不到髒亂的東西，每一個水果放上架時都會仔細擦拭乾淨，生牛肉、魚也不會聞到腥臭或看到血水，全都處理乾淨才會擺在顧客眼前，讓你可以優雅的挑選想要的商品。

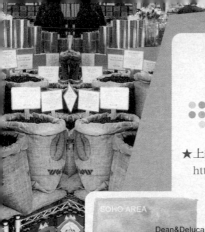

★上網站好好瞧瞧：

http://www.deandeluca.com/

★跟著地圖這樣去：

地址→560 Broadway （Prince Street）
New York, NY 10012

電話→212-226-6800

營業時間→9:00～20:00（周一至六）
10:00～19:00（周日）

交通→搭乘地鐵6號train在Spring St.站
下車

DEAN & DELUCA想表達的就是「品味」兩個字，它告訴你買菜買肉也可以很優雅，所以會去的消費者，貪圖的都是量好的購物環境和高品質的產品，而且DEAN & DELUCA也會嚴格挑選販售的商品，希望顧客都能買到高品味。還有件不可思議的事，DEAN & DELUCA還出了一本食譜，教你如何品嚐和做出有品味的料理，同時也發展出印上DEAN & DELUCA商標的T-shirt和購物袋等周邊商品。

當然經過如此用心陳列的品味超市，商品價錢必是貴得嚇人，紐約的物價本就以高出名，這裡的商品更是貴上許多，即使同樣的東西也比一般超市貴。純粹進來閒晃的我只能點一杯拿鐵咖啡，讓自己有點參與感。這杯拿鐵也是很有品味的喔！在紙杯外是灰色底搭配DEAN & DELUCA商標的反白字，連餐巾紙、糖包、免洗刀叉也都讓人感覺很低調優雅。另在超市大門入口旁，設立了一小區沒有座位的咖啡區，用站立方式喝咖啡或吃一些熟食三明治，跟日本那些站著吃飯的快餐店有點像，只是它硬是多了點優雅。

2003年9月，DEAN & DELUCA在東京涉谷也開了間分店，準備傳授日本人品味秘笈，開幕時造成轟動，成功的打動日本頂級顧客的心，然後2004年3月在品川開了間旗艦店，丸之內、青山等地也陸續開了店。台灣目前在新光三越百貨、遠企購物中心都有類似的精緻超市，微風廣場更計畫在今年引進DEAN & DELUCA這樣的頂級超市，表示台灣的消費者開始需要且接受這樣的頂級服務了。

NBA

Walk in New York

最炫的NBA籃球賽與廣告

真是興奮！向來只能在電視機前看到轉播的NBA籃球賽，終於有機會親身體驗現場實況了。這次很幸運的朋友有兩張門票，於是邀請我一起去看，對於這突來的好運，期待和興奮自不在話下。

美國人真的很支持籃球比賽，因為要看一場籃球比賽，所費不貲喔！雖然NBA的門票價錢會依場地和球隊有所差別，但以我這次在紐約的情況，門票需在1個月前預定，一張坐在中間區域的門票，費用約美金35元，靠近前幾排的座位則約美金85元以上，停車費約美金9元，外加看比賽時的吃吃喝喝，的確需花不少錢。而這短短的一場球賽，除了精彩的現場你來我往，你可曾發現，比賽裡會有多少商機？

親臨NBA現場看球，
那種氣氛，一生一定
要體驗一次。

★上網站好好瞧瞧：
http://www.nba.com/

　　這種職業運動，廣告和門票收益是各球團的主要收入來源，因此，整個會場所見之處都是廣告，從入場券上的廣告，到飲料包裝、傳單、每個座位周圍的廣告板都看得到，而最貴的廣告就屬球場正上方的電視螢幕了，連上面的計分板也都出現贊助廠商的商標，真是無處不充分運用，還有，球員的服裝、球鞋也都是由廠商贊助的，都有繡上品牌商標，所以，說整個NBA是個用錢創造的商業經營活動也不為過。

　　中場比賽休息時，啦啦隊會出場表演，而且邀請觀眾下場與籃球明星一起比賽投籃活動，互動非常有趣，最後啦啦隊要離開時，還會秀一下贊助廠商的招牌，看到這裡，深深覺得自己不似在看球賽，而是上了一堂完美的商業行銷課程，如此淋漓盡致的將行銷學與運動結合，心中不禁有股莫名失落感，當然親臨比賽現場看球還是可以感受刺激、熱度，但總覺得商業氣氛過重，比賽也只不過是個小插曲？

FISHS EDDY

粗勇的陶瓷餐具專賣店
FISHS EDDY

FISHS EDDY這家店是在17年前成立的，老闆Julie Gaines和Dave Lenovitz，這一男一女兩人本是古董商，有次前往一個小漁港城尋找貨品時，心想何不開一間專門販售堅固的美式風格餐盤、餐具等廚房用品的店，提供給餐廳與用餐者選擇。於是，他們開了家叫FISHS EDDY的餐具專賣店。

目前日本的Sony Plaza公司有引進FISHS EDDY的商品，供日本人有別於一般的不同選擇。而在台灣，統一企業也於2006年5月宣布正式與日本的Sony Plaza簽約，計畫引進開設Sony Plaza系統的雜貨店型態，另外取其店名為MINI PLAZA，屆時台灣消費者說不定也能買到FISHS EDDY的商品。

★上網站好好瞧瞧：
http://www.fishseddy.com/

★跟著地圖這樣去：
地址→889 Broadway New York, NY 10003
電話→212-420-9020
交通→搭乘地鐵N/R train在23 St.站下車。

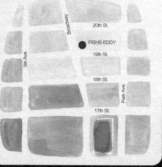

FISHS EDDY裡的所有商品，都是由自己的設計師設計樣式與圖案，一部分的主題都和魚或海港有關，這大概是因為老闆在小漁港突發奇想開這家公司吧！另一些是以紐約城市風格為主的圖案或一些顏色活潑大膽的構圖。盤子、馬克杯、玻璃果汁杯等是主要商品，再搭配一些像餐巾布、餐巾紙、桌巾、餐墊、不鏽鋼餐具、調味料罐等小東西，讓顧客買後可以任意搭配。再者，由於FISHS EDDY的餐盤用具都挺重，因此店家特別做配送服務喔！當你買一大堆時，不用很辛苦的扛回家，買再多也不怕。

店裡的裝潢有濃濃的美式鄉村風味，粗糙原始的木板地，用啤酒橡木桶來擺放商品，或是二手的美式廚櫃作層架，燈光也採用自然偏昏暗的照明方式來營照氣氛。商品陳列也以數大便是美的方式呈現，屬於粗獷的陳列法，盤子既大又重，很適合食量大的美國人裝很多食物，你想想用FISHS EDDY的大盤子裝牛排、薯條，會有多對味啊！此外，我個人認為還頗有西部牛仔的味道。

FISHS EDDY商品的價錢非常平實不會太貴，完全走平價路線。不同於那些一個動輒數千元的名牌餐具，這盤子如果不小心打破也不會太心疼。只是這些餐盤都很「粗勇」，想要打破還真不容易。

URBAN OUTFITTERS

美式複合式品牌
URBAN OUTFITTERS

　　一家只賣新品的店不稀奇，若摻雜了些特別的二手商品才夠嗆，什麼是特別的二手商品？指的是舊衣改造後再賣。例如一件舊T-shirt，可以將袖子改短，再縫上花邊或蕾絲，用同樣手法製作數件，但每件的尺寸、花色不全然相同，所以幾乎沒有一樣的款式，愛標新立異的人最適合。

　　URBAN OUTFITTERS這家有名的美國複合式品牌，除了服飾、鞋類、配件，還有家飾、寢具、棉織品、家具、文具、燈飾和玩具等。這些商品裡，也有部分商品是用舊東西改造而成的，我對這家店

複合式的商品，
品相種類多到你
得很仔細去看。

才會如此印象深刻。每回逛，都帶著種尋寶的心情，總會挖到不少新
奇有趣的東西。我還發現它會將過季商品、庫存品回過頭再賣一次，
售價自然便宜許多。

　　這家店整體裝潢走loft形式，挑高的樓層和用鑄鐵鐵板做成的樓
梯，再以夾板做層板架，就像幾個窮學生以簡單便宜的材料拼湊出來
的感覺，消費者也多以學生族群居多。商品的擺設也很隨性，一大堆
如小山般的堆放，適合有閒挖寶的人。

　　這家店裡面還有個特別的DJ 區，在固定時段會有DJ播放一些創
作實驗性的地下音樂，曲目的CD在店裡面也買得到。這種銷售方式還
真少見，直接播放音樂給顧客聽，自然又大膽的表現音樂，讓我覺得
只要有創意和敢秀的精神，沒有什麼是不可能的，就如同它店裡二手
加工再製的商品，以及創意家具等，都是在販售與眾不同的創意。

URBAN OUTFITTERS在全美目前約有80家分店，紐約就有8家之多，英國、加拿大也有其分店，但在亞洲仍不常見，這麼有趣的店，不知何時才有機會在台灣碰見。

★上網站好好瞧瞧：

http://www.urbanoutfitters.com

★跟著地圖這樣去：

地址→628 BROADWAY　NEW
　　　YORK, NY 10012-2679

電話→212-475-0009

營業時間→10:00～22:00（周一至六）
　　　　　12:00～20:00（周日）

交通→搭乘地鐵1/2/3/9號　train在72
　　　St.站下車

Walk in New York

參一腳室友改裝房子記

　　這次要改裝的主角，是我前室友Rene租的房子。當我到達紐約後的一個月，決定搬去和她一起住。那時她新租的房子也才只做好隔間，聽她的描述，她租這間房子時，整個天花板掉下來一半，只能用「糟糕」來形容當時的屋況。她和男友都是室內設計師，打算重新粉刷裝修一番，因此，他們先將天花板拆掉更新，打掉原來的木板隔間，改做一個衣櫃來區隔廚房，還自己製作床板、書櫃、床頭桌和長板凳等。

　　接下來這段待在紐約的日子裡，我打算住在這裡，所以，我也參與了這個房屋改造計畫。我們決定在每個週末假日動工，於是排定工作進度，進度內容看來無懈可擊，但因為Rene每天都要上班，假日再

白色的棉被使室內更柔和。

搞這些繁重又勞累的事，常常偷懶沒有丁點進度，不過，每天處在木削和到處都是木板、工具的屋子裡生活，沒有椅子只能坐床上，連吃飯也是，實在無法忍受之下，寄居在這的我只有善盡督促的責任，務必在短時間內完成所有裝修。

花了將近2個月的時間終於完成了，在我們將地板塗成白色大功告成時，只差沒感動落淚，喜極而泣了。環顧屋內，一切的辛苦也算有代價。我們又陸續添購了一些小家具、裝飾物，一切打點好後，看起來還頗像居家雜誌裡刊登的設計師風格小住家！你一定也發現了Rene幾乎全都用白色，從牆壁到地板、衣櫃、床單、窗簾一片白，只有木製家具是深胡桃色，有點像睡在醫院裡的錯覺，有時一早醒來，還會有「我在哪？」的懷疑。

Guggeheim Museum

Walk in New York

看起來像甜筒的
古根漢美術館

　　到紐約，少不了要去古根漢美術館（Guggenheim Museum）朝
拜一下。它的建築本身就很有名，其造型特殊也是吸引大批遊客參觀
的因素之一。紐約這一間古根漢美術館是由建築界的設計大師萊特
（Wright ,Frank Lloyd）操刀設計的。主建築是個大型的螺旋體，但外
觀看起來真像個甜筒，這和一般四方型的房子不同，走進去才明白設
計的用意。它的室內規劃如同同心圓，中間是挑空到屋頂，可以看到
天空與光線。往內的第二層圓是活動動線，最外層就是開放式展覽空
間。沿著圓弧慢慢往上走，展覽的空間依著緩坡走道一區區隔著。你
可以很容易的從一樓慢慢往上走，不用爬樓梯或搭電梯。在一樓的挑

國內少見的圓形的圓形多很氣派。

高廣場會有一些音樂活動或演說，不論人在哪一層樓，都能輕易的從活緩坡道向下觀看整個情形，開放性空間的設計，參觀者和展覽物或表演更有共鳴。

　　展出的主題多以前衛、新一代的藝術者作品，還有設計類主題展為主。展示活動趨向大膽活潑，還會設計很多可以讓參觀者拿起來玩的作品，甚至還可以拍照喔！參觀者中有蠻多是觀光客，所以古根漢美術館裡的賣店生意特別好，除了販賣一些展覽中的設計師、藝術家的書籍，還有一些美術館自行開發設計的商品，像運用建築物特殊外觀設計的馬克杯、T-shirt、筆記本、明信片，也有其他設計味重的文具品、環保袋，設計都很時尚感，常賣到缺貨哩！之前我曾在台灣的京華城裡，看到一間專門代理各國美術館、博物館紀念商品的賣店，裡面也有這類商品。

　　古根漢美術館還有一間挺搶眼的咖啡店，在一樓外側，整個牆壁
刷成漂亮的紅色，不是那種會令人有壓迫窒息感的紅，而是充滿活力
與設計的紅。牆上掛了很多大小不一的相框，加上燈光與坐著喝咖啡
的人，形成一幅特別的畫面。咖啡店生意興隆，甚至很多都是特地跑
來這喝咖啡的消費者，而不是參觀者。

★上網站好好瞧瞧：

http://www.guggenheim.org/

★跟著地圖這樣去：

地址→1071Fifth Avenue（at 89 street）
New York,NY 10128-0173

電話→212-423-3500

營業時間→10:00～17:45（周六至三）
10:00～19:45（周五）
每周四休館

交通→可搭地鐵4、5或6號線，於86街站
下車。然後往西走到第五大道後右
轉，繼續往北走到88街。

DUMBO

Walk in New York

布魯克林區的藝術村DUMBO

　　紐約客真是很愛搞怪，只要一有機會就會極盡展現自己。紐約政府也意識到這個情形，所以常會舉辦許多活動，尤其是在夏天，一個精力永遠消耗不完的熱季。

　　紐約客在白天都有一份正常的工作，像銀行家、服飾銷售員、餐廳服務生等，但或許基因裡的不安分因子，加上熱愛藝術，這些紐約人會在布魯克林（Brooklyn）的DUMBO區成立個人studio工作室。那裡離布魯克林橋很近，原是工廠式建築，後來不知道是哪一家工廠先倒掉，有些紐約客租了下來，整修為個人工作室，這裡就漸漸形成了個人工作室區。這裡租金超便宜，一間50坪的房子租金差不多只要美金300元，如果換成在曼哈頓，少說也需美金1,200元。不過，因這裡是工業建築，所以沒有暖氣，廁所都是公共式側所，適合工作用，但不適合居住，目前則有越來越多的業餘藝術家聚集在此，已成為一個藝術村。

每年9月，紐約市政府會撥經費在DUMBO區舉辦展覽活動，讓這些業餘藝術家有機會展出自己的工作室、藝術創作和表演戲碼。通常一棟建築物裡會有20～30家個人工作室，為了展現自己的作品，業餘藝術家們會印製一些精美的明信片。他們也會將工作室整理成一間間小型藝廊，同時供應一些飲料、餅乾任參觀者取用，究竟為何要如此花心思呢？因為每年一次的展覽活動都會吸引許多藝廊老闆或室內設計師，趁此機會來尋找不錯的作品，如果能被藝廊老闆或室內設計師欣賞，如同千里馬遇上伯樂，在精神和實質上都是一種鼓勵。

★上網站好好瞧瞧：
http://www.dumboartscenter.org/

★跟著地圖這樣去：

　　展出的藝術創作，常見的有油畫、雕塑、攝影、音樂創作、珠寶設計、服飾設計、戲劇表演等，只要你想得到的，都可以表演、展現出來。當然也有一些行動表演，像在很窄的巷弄裡踢足球，又或是做一個很怪異的三輪車在馬路上騎，反正就是極盡搞怪之能事，想吸引人觀看就對了。

　　有些工作室平常雜亂無章，你根本分不出哪些是作品那些只是廢棄紙張。有些工作室裡面還會弄得很陰暗，沒有半點光。也有些會利用油漆在牆壁漆上隨意揮灑強烈顏色，好似一面超現實的藝術作品，總之，平日參觀很難見到什麼，只有在一年一度的展覽會上，你才可以看到各類藝術創作。

　　這次我和朋友剛好碰上展覽會，全程參觀完後，不禁也想來搞個個人工作室來做些東西，可以發揮我那隱藏的藝術因子，但紐約客有DUMBO、上海有蘇州河，那台灣有什麼呢？可能芽還沒發就死了！

MoMA

Walk in New York

前進紐約現代藝術館 MoMA

MoMA是「The Museum of Modern Art」的縮寫，從字面上就可以了解這個藝術館的型態，它主要以展覽現代藝術為主軸，是收藏現代藝術品的大師級藝術館之一，之前整修調高門票後，也成了全美門票最貴的藝術館，難怪美國人會有：「不要「錢」買的藝術！」的抗議聲。但即使門票貴到1張美金60元，參觀的人仍絡繹不絕。MoMA和常見的單純美術館不同，他同時還展出了工業設計和建築作品，展品更多元。一趟MoMA，除可親身看到畢卡索（Picasso）、米羅（Joan Miro）、馬蒂斯（Henri Matisse）等人的畫作，奈良美智（Yoshitomo Nara）、宮崎駿（Hayao Miyazaki）的現代藝術作品也穿插其中，還有

不少與參觀者互動極高的作品，我喜歡這種藝術結合生活呈現出來的趣味，這是MoMA獨特的地方。

　　MoMA因位在紐約第五大道和53街上的時尚大街附近，群聚了超多觀光客，為了應付這些遠來的參觀者，除了6層樓的展覽空間外，MoMA特別規劃了大型禮物商店。博物館的一樓有一個旗艦店，裡面販售2,000多本專業書籍、家具、文具、生活用品、手飾、服飾配件等，都是知名設計師作品或在這展覽過的大師級作品。MoMA將無價的藝術品轉變成人人可買回的紀念品，價錢從親切到高貴的都有，滿足所有參觀者的擁有慾。也可能是參觀者太多，MoMA在同條街的44號上，另開了一間MoMA Design Store，裡面只有販售設計師產品。

★上網站好好瞧瞧：

http://www.moma.org/

★跟著地圖這樣去：

地址→11 West 53 Street, between Fifth and Sixth Avenues,New York, NY, 10019-5497（MoMA）

電話→212-708-9400

營業時間→10:30～17:30（周六）

10:30～17:30（周日、一）

每周二休息

10:30～17:30（周三、四）

10:30～20:00（周五）

聖誕節、感恩節休息

詳情參照http://www.moma.org/visit_moma/

交通→可搭地鐵B、D或F train，於47～50街站下車。然後從洛克斐勒中心（Rockfeller Center）出口出去即可。

地址→44 West 53 Street, New York, NY（MoMA Design Store）

電話→212-767-1050

營業時間→9:30～18:30（周六至四）

9:30～21:00（周五）

地址→81 Spring Street, New York, NY（MoMA Design Store,SOHO）

電話→646-613-1367

營業時間→11:00～20:00（周一至六）

11:00～19:00（周日）

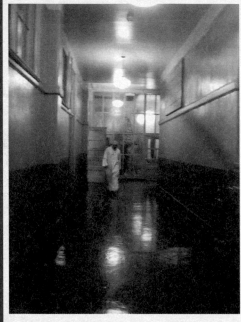

P.S.1 museum

Walk in New York

有點陰森昏暗的小學走廊，感覺來到恐怖電影中的場景。

廢棄小學改建的個性美術館
P.S.1 Museum

　　美國所有的小學都是以號碼編制的，以P.S.為簡稱，像P.S.1就是紐約第一號小學。P.S.1現在已經不是一間小學，很久之前就已遭廢置，如今搖身一變成為一間很有個性的美術館。P.S.1與MoMA是同一個體系，但它所展出的藝術作品風格更為強烈鮮明，都屬深具實驗性且大膽的展覽。 這所學校位在布魯克林區裡，你必須搭乘紐約最舊、最亂、也最危險的地下鐵7號train才能到達。7號train在一出曼哈頓（Manhattan）就變成露天行駛，架設在半空，類似我們的捷運木柵線。搭7 號train時，你可以看到混亂又骯髒的布魯克林黑人區，那個最多警察巡邏的地方。往Flushing（法拉盛，在QUEENS皇后區的中國城）方向坐，在一出曼哈頓的第一站下車，沿著旗幟就可以找到P.S.1美術館。它的外觀很普通，只是一間紅色磚瓦建築，沒有明顯的

★上網站好好瞧瞧：
http://www.ps1.org/

★跟著地圖這樣去：
地址→22~25 Jackson Ave. at the Intersection of 46th Ave. in Long Island City, 11101.
交通→搭乘地下鐵7 train，於45Rd. / Courthouse Sq. 下車。然後往Jackson Ave.出口出去，往南的方向約走一條街到46th Ave。另詳情參照 http://www.ps1.org/ps1_site/index.php?option=com_content&task=view&id=14&Itemid=47

標示，門票約美金5元，但有點要告訴你，它在星期五下午4~8點參觀是免費的，當然MoMA也是一樣，為了節省些錢，我都是在星期五下午才去看展覽，其實大多數紐約的美術館都這樣，也包括古根漢美術館。因為許多展覽都是星期五開始，加上這天下午的免費時段，通常要排一下隊才能進去，尤其在夏天，美術館還會舉辦一些活動舞會吸引人潮參觀。

　　這個從小學校舍改建而成的美術館，其實沒有更動太多原始建築，幾乎保持了學校原來的樣子，在學校裡展出一些新銳藝術家尚未成熟出名的作品，真的很帶實驗性精神。它的展覽空間就是一間間全部漆成白色的教室，教室的門是關起來的，你必須將一間間門打開，才能進入藝術家的私密展覽空間，有種不知會出現什麼的期待。有時作者本人會在裡面，親自解說創作概念，雖然展覽略嫌陽春，但感覺很直接。裡面的工作人員大多是黑人，每個人都身穿寬大鬆垮的白色連身工作服，頭上綁上白頭巾，很有hip-hop風，既酷又特別，有別於一般美術館嚴肅的氣氛。紐約的大小博物館、美術館何其多，除了那些名氣大的，像P.S.1美術館這類規模不大，但卻可以更接近、看到不同藝術品的小型美術館，也是你在旅遊時不可錯過的。

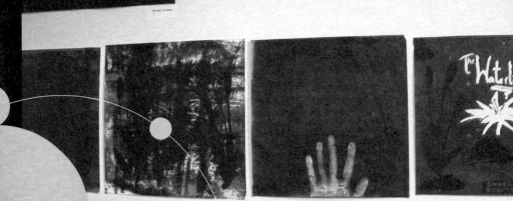

Brooklyn Museum

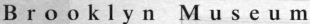

Walk in New York

布魯克林美術館
Brooklyn Museum

人的想像力與創造力，是否會隨著年齡的增長而消失呢？

　　有次前往布魯克林美術館（Brooklyn Museum），先參觀了一個有關美國印地安文化藝術的主題展，之後轉到記得是2樓吧？盡是些讓我覺得神奇的作品。這美術館於暑假期間，有針對12歲前兒童開辦了一些藝術教學活動課程，並將其作品展示出來。我細細看了展在這裡、充滿想像的作品，不禁感到訝異！這大膽強烈的顏色，以及流暢有力的筆觸線條，若非在每個作品旁都標示了作者的名字和年齡，你一定跟我一樣，無法將這些搶眼的畫作與年齡3～12歲的孩童聯想在一塊兒。

　　這些作品並沒什麼規範，沒有圖案一定要在中間，也沒有一定要寫實，更沒有固定使用筆，或者非得完成的規定。它完全是自由派的作風，用色也有別於台灣小孩慣用的「乾淨」色，歐美孩童喜歡混合顏色，也不介意使用暗沉的色彩。

　　這使我想起從事兒童美術教學工作的兩個朋友，他們只是流派風格不同，一個偏日式，有較嚴謹的教案，針對不同年齡及功用設計出一套完整的教學流程。像設計陶藝課來訓練孩童的手指抓取運用；又或為啟發孩童對顏色的反應而設計調色遊戲等，每種課程的背後都有其用意且堅持嚴謹的流程。而另一個朋友，則完全走美式自然派法，會先設定一個基本的主題和材料，然後就完全讓小孩子自由發展，毫無設限，在邊遊戲邊表現的方式下進行。

　　我一直認為這跟民族性有關！亞洲孩童較被動，表現慾望也較緩慢，且需要被鼓勵才會展露潛力，而歐美小孩就很主動了，不怕表現，也更活潑，所以才會有不同的教學方式吧！這是我長久以來的想

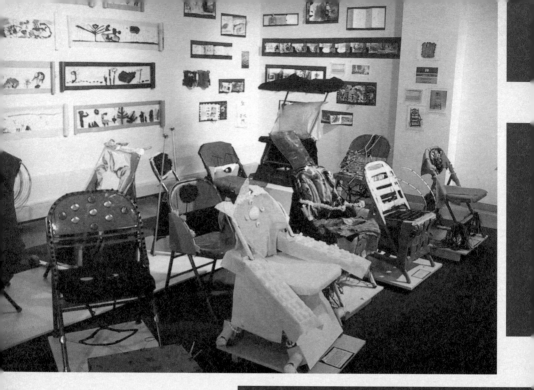

法。不過，我又想到，那些生長在歐美國家的亞洲小孩，不也是個性偏向歐美式的多，所以，這或許根本和人種、民族性無關，是在成人們及生活環境所給予的氣氛下，才會培養出氣質相異的人。

我喜愛這孩童作品的用色，尤其是膚色。

★上網站好好瞧瞧：

　http://www.brooklynmuseum.org/

★跟著地圖這樣去：

　地址→200 Eastern Parkway, Brooklyn, New York 11238-6052

　電話→718-638-5000

　門票→成人美金8元；學生美金4元；65歲以上者美金4元；12歲以下孩童免費。

　營業時間→10: 00～17:00（周三至五）

　　　　　　11:00～18:00（周六、日）

　交通→搭地下鐵2號跟3號train往brooklyn方向，坐到Eastern Parkway/Brooklyn

　　　　Museum站下車。

911

Walk in New York

911事發的早上

那一天。我不知道該怎麼說那時的感受，不只是我，所有的人都被受到了很大的驚嚇。那是一個晴朗無雲，天空乾淨的看得清楚一切的日子。

記得我先是被電話聲給吵醒，那時約9點多，還以為又是廣告推銷的電話，正在想該如何回絕。結果是室友Rene從辦公室打回來，慌張的叫我趕快打開電視看新聞，有飛機失事，而且是更重大的事，一看電視是WTC世界貿易中心失事的畫面，有兩架國內飛機遭劫持，並連續衝撞世貿大樓，造成大樓起火燃燒，飛機也瞬間爆炸。

我當場嚇得發抖，我住的地方剛好距離WTC頗近，平時可以從窗口看到這兩棟大樓，所以當我看到這則新聞畫面，感覺很不真實。我交叉觀看電視螢幕及窗口兩個畫面，才終於確定這不是在拍電影，也不是在作夢，一切都是真的。也顧不得自己還穿著睡衣，馬上抓起數位相機就往頂樓跑，想去拍下這歷史不可磨滅的一刻。

　　但更令人難過的事才正要開始，就在我上去約10分鐘後，其中一棟大樓突然坍塌，像骨牌似很快的倒下，濃煙不斷的冒出，又黑又濃，燻得每個人心裡直流淚。黑煙，放肆的佔據整個湛藍天空。再相距不到20分鐘，第二棟大樓竟也倒了下來。我的震驚真是難以形容，只花不到30分鐘，美國最具象徵意義的建築物就消失了。這股濃煙直冒了一個星期才漸漸散去，黃昏依舊很美，但每個人都知道從這一刻起，世界已經改變了，而且再也不會回來。

911後的紐約街頭

　　已經好幾天了，打開電視只能看到不停重播當時大樓倒塌的畫面。這兒許多電視公司、行動電話等的發訊台都架設在世貿中心大樓的頂端——全紐約最高的建築物，因此，家裡沒申裝有線電視的人，任你想看其他節目也看不到。如此統一的畫面任誰會想到大樓會有倒塌的一天呢？

　　全紐約的通訊受到嚴重的影響，在僅有的2～3台節目，還伴有嚴重的雪花狀況裡，一段段新聞不停更新搶救情形、受傷、死亡人數、交通影響狀況等，這是我快樂紐約生活中的一個重大事件，也是足以影響許多人一生的大事。

　　從這一刻起，美國變了。在生活面上，全美國內及國際線的飛機停飛一星期、地鐵部分路線停駛或改道、留學生身分調查、所有大樓的管理員需詳加檢查進入大樓的訪客等，一時風聲鶴唳起來。

　　走在街上，隨處可見一張張貼在電線桿、佈告欄、巴士站牌或任何牆面上的尋人啟事，失蹤者的臉安靜的望著街頭，下方的年齡、姓名、工作、家庭，以及末端「hope our, please」，一句沉痛無助的請求，美國人的心裡也變了。

　　從我住家窗口外從遠至近的救護車聲、警鳴聲，連續響了一個月不曾間斷，這是以前紐約居民最愛抱怨的嘈雜，現在聽起來感受卻不一樣。還有每一個消防局門口都貼有殉難人員的相片供人瞻仰、一束束鮮花、卡片，這就是911後的紐約街頭，是許多紐約人無法抹滅的記憶，也是我紐約行中的深刻回憶。

911 Photo shop at SOHO

Walk in New York

義賣911相片工作室

　　看著眼前一張張的相片，感覺彷彿身歷其境，雖然距離911已有三月之久，那衝擊力依舊濃郁的沉重。這是位於SOHO Braodway road上，由善心人士所提供的兩間店舖，做為911的義賣中心。裡面義賣的全是由攝影藝術家所提供有關911的圖片，許多知名的攝影師也一起響應。

　　你可以根據感覺挑選自己想要的照片，然後列印一張義賣US$20，所得的款項全數成為受災戶的基金。這裡的工作人員全都是

大家都很仔細觀看這些以相片製成
的圖畫，室內有點嚴肅。

不支薪的義工，如果你也願意嘗試，可以先登記個人資料和專長能
力，再由當店彙整後依能力需求做人員調度。

　　另有義工設立網站及留言板，供居住在其他城市、國家的人點選
購買相片，或提供資源等幫助，http://hereisnewyork.org/ 就是這個有
人情味的網站。網站內提供義賣圖片和一些留言板，紀錄許多人在911
之後的心情感想。這種方式很有soho的味道，將藝術創作者與環境人
文結合，沒有任何商業氣息的活動，而且可以很快的、有組織的、有
系統的整合資源去幫助需要幫助的人。

　　這樣的特別的網站和工作室，不知道我們的國家能不能？行不
行？

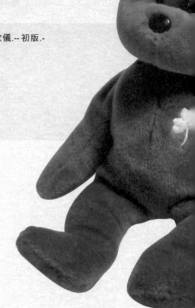

國家圖書館出版品預行編目

旅行，為了雜貨——日本·瑞典·台北·紐約私房探路／曾欣儀.--初版.-
台北市：朱雀文化，2006〔民95〕
面；　公分.--（Life Style；19）
ISBN 978-986-7544-78-0（平裝）

1.家庭工藝　2.旅行

426　　　　　　　　　　　　　95014369

Life Style 時尚生活　019

旅行，為了雜貨

──日本·瑞典·台北·紐約私房探路

作　者 曾欣儀
攝　影 曾欣儀
美術設計 鄧宜珺
插畫設計 廖進祥
編　輯 彭文怡
企劃統籌 李橘
發行人 莫少閒
出版者 朱雀文化事業有限公司
地　址 台北市基隆路二段13-1號3樓
電　話 02-2345-3868
傳　真 02-2345-3828
劃撥帳號 19234566 朱雀文化事業有限公司
e-mail redbook@ms26.hinet.net
網　址 http:/redbook.com.tw
總經銷 展智文化事業股份有限公司
ISBN-13:978-986-7544-78-0
ISBN-10:986-7544-78-1
初版一刷 2006.08
定價 280元

◎感謝worldzakka、Grace Yei、red-bubble、黃愷縈提供部分照片
出版登記北市業字第1403號

About買書：
● 朱雀文化圖書在北中南各書店及誠品、金石堂、何嘉仁等連鎖書店均有販售，如欲購買本公司圖書，
建議你直接詢問書店店員，如果書店已售完，請撥本公司經銷商北中南區服務專線洽詢。
北區（02）2250-1031 中區（04）2426-0486 南區（07）349-7445
● ● 上博客來網路書店購書（http://www.books.com.tw）可在全省7-ELEVEN取貨付款。
● ● ● 至郵局劃撥（戶名：朱雀文化事業有限公司，帳號：19234566），掛號寄書不加郵資，4本以
下無折扣，5～9本95折，10本以上9折優惠。
● ● ● ● 親自至朱雀文化買書可享9折優惠。